AF452219

RECUEIL

DES

RAPPORTS ET MÉMOIRES

DE LA

SOCIÉTÉ PROTECTRICE DES ANIMAUX.

1846 ET 1847.

PARIS,

AU BUREAU DE L'UNION AGRICOLE,

1, RUE DU PONT LOUIS-PHILIPPE.

ET CHEZ M. LEDOYEN, LIBRAIRE, AU PALAIS-ROYAL,

GALERIE D'ORLÉANS.

1848.

Roi des êtres créés, sous toutes latitudes,
Homme, envers tes sujets, aux douces habitudes,
Par ta propre douceur prouve ta royauté,
Si même de plusieurs Dieu fit ta nourriture,
A leur fatale mort ne joint pas la torture ;
Aux tigres, sans raison, laisse la cruauté.
Mais ceux des animaux qu'en toute langue on nomme
Les amis, les gardiens, les serviteurs de l'homme . . . .
Qui les maltraite est brute — et sera criminel,
Et nos lois, plus longtemps, sans en être complices,
Ne peuvent tolérer ces ignobles supplices,
Infraction sauvage aux lois de l'Éternel !

ÉMILE DESCHAMPS.

SOCIÉTÉ PROTECTRICE DES ANIMAUX.

PREMIÈRE RÉUNION.

S'il est vrai que prévenir et empêcher les mauvais traitements auxquels les animaux sont tous les jours en but de la part de l'homme, c'est travailler à l'amélioration physique et morale de ce dernier, l'importance, la nécessité des associations protectrices des animaux, sont démontrées, et l'on doit se féliciter que la France, suivant en cela l'exemple de l'Angleterre et de l'Allemagne, soit enfin arrivée à organiser une société qui, nous l'espérons, imprimera à notre agriculture un mouvement de progrès semblable à celui que les deux pays que nous venons de nommer ont reçu des leurs.

M. Parisot de Cassel, qu'un long séjour à l'étranger a mis à même d'apprécier la vérité que nous venons d'exprimer, eut la satisfaction à son retour en France de faire partager sa conviction à quelques hommes d'une haute valeur.

Une première réunion ayant eu lieu chez lui le 2 décembre 1845, jour qui peut être regardé comme celui de la fondation de la Société de Paris, il exposa son opinion en ces termes :

« Messieurs, en vous priant de bien vouloir vous réunir chez moi aujourd'hui, j'ai compté autant sur vos lumières que sur le désir loyal que vous partagez avec moi de voir s'étendre de plus en plus tous les principes et les institutions utiles. J'ai donc voulu diriger votre attention sur deux associations déjà importantes par leurs résultats, l'une en Angleterre, l'autre en Bavière. Toutes deux ont pour but direct et apparent : la répression des mauvais traitements qu'on fait subir aux animaux domestiques. Mais leur tendance indirecte et profondément moralisatrice est d'arriver par cette nouvelle voie à influer sur l'éducation, sur les premières impressions de l'enfance, et, par conséquent, de combattre dans leur origine des dispositions à la cruauté trop communes malheureusement chez l'homme.

» Il m'a paru désirable que la France ne tardât pas plus longtemps à suivre un aussi bon exemple ; car tous les jours, au milieu même de la MÉTROPOLE DE LA CIVILISATION, nous avons sous les yeux des exemples révoltants de brutalité envers les animaux domestiques, exemples auxquels l'enfant et le peuple s'habituent, sans que la loi se soit encore occupée d'y mettre obstacle.

» A la vérité, beaucoup de voix s'élèvent contre cet état de choses; on le reconnaît nuisible dans ses conséquences; mais il ne suffit pas de le déplorer, il faut tâcher d'y porter remède, chacun selon ses moyens. Prenons donc, Messieurs, cette honorable initiative! Vous verrez que tous les cœurs vraiment bons et généreux ne tarderont pas à se réunir à nous. Vous verrez même que d'augustes protections nous seront acquises, dès que le sentiment pur et loyal qui nous anime sera bien compris et reconnu.

» Voilà, Messieurs, pourquoi j'ai sollicité votre concours. Heureux de contribuer sous vos auspices, et d'attacher mon nom à la fondation d'une Société dont les travaux et la vigilance peuvent devenir un véritable bienfait pour la morale publique, pour l'hygiène et pour l'agriculture en France.

» J'ai déjà rassemblé plusieurs documents relatifs à cette question. Mes relations directes avec l'honorable M. Perner, joints à la haute bienveillance qu'a bien voulu en cette occasion me témoigner S. A. R. le prince de Saxe-Altenbourg, président de la Société de Munich, me mettent à même, ainsi que mes correspondances en Angleterre, de vous procurer toutes les communications que nous pourrions désirer pour guider notre marche.

Ces paroles de M. *P. de Cassel*, ainsi que la lecture d'un rapport sur l'état actuel des sociétés protectrices des animaux en Allemagne ont été accueillies avec toute la sympathie qu'il pouvait désirer. Une discussion intéressante s'est engagée. Les observations de M. *de Rainneville*, aussi ingénieux à saisir tout principe de bien qu'habile à le mettre en pratique, et dont le nom est à juste titre une autorité, ne pouvaient manquer d'y apporter beaucoup de lumière. D'un autre côté, M. le docteur *Pariset*, membre de l'Institut et secrétaire perpétuel de l'Académie royale de médecine, et M. *Dupuy*, membre de la même académie et doyen de la science vétérinaire en France, tous deux, joignant à de rares et vastes connaissances un fond de bonté et de dévouement plus rare encore, ont su donner à la question un intérêt tout nouveau; ils ont démontré que la Société pourrait, par son influence, amener même une réaction des plus heureuses dans l'élevage de nos bestiaux, et procurer ainsi aux classes ouvrières des viandes plus saines et à meilleur marché.

M. *de Valmer*, membre de la Société d'agriculture de Seine-et-Marne, donne sur l'association anglaise des détails importants, dont l'intérêt est encore rehaussé par ses observations particulières.

Un bureau provisoire est constitué ainsi qu'il suit : Président, M. *Pariset;* vice-président, M. *Flandin ;* secrétaires généraux, MM. *Hamont, P. de Cassel ;* secrétaire des séances, M. *Ricard de Morgny;* trésorier, M. *Richelot.* Enfin, une commission est chargée de rédiger un projet de statuts.

Dans la séance du 16 décembre ce travail est présenté par M. *Dunont (de Monteux),* rapporteur, qui le fait précéder des paroles suivantes :

« Messieurs, la pensée qui vous réunit en ce moment présente un caractère de haute philosophie, puisque vous vous étes proposé pour but de diminuer le nombre des infractions au droit naturel relativement à des animaux asservis au joug de notre puissance sociale; ensuite, d'introduire et de développer dans les mœurs populaires des idées de justice et des sentiments de pitié.

» Ainsi, Messieurs, la morale, l'agriculture, l'économie et l'hygiène publiques sont intéressées à ce que vous accomplissiez l'œuvre généreuse qui vous a été suggérée par M. P. de Cassel. « L'utile et le vrai, disait M. le comte Portalis, au sujet des lois sardes, font partie des biens que l'homme doit revendiquer, et dont l'usage lui appartient sans cesse. »

» Lorsque vous examinerez sous toutes ses faces la question des sévices contre les animaux, vous verrez surgir une multitude de considérations que nous reservons, quant à présent, pour étre alors soumises à votre appréciation et à vos lumières.

» Vous comptez parmi vous, Messieurs, des agronomes, des administrateurs et des médecins distingués. Eh bien! les premiers vous montreront tout ce qu'il y a d'utilité pour les intérêts sociaux, dans l'action de soigner et de traiter autrement qu'on ne l'a fait jusqu'ici les animaux domestiques; les seconds vous diront tous les bénéfices que la santé comme la sûreté publique peuvent retirer de l'accomplissement des devoirs qui nous sont dictés par la nature envers des êtres qui nous rendent tant et de si précieux services.

» La tâche que vous allez entreprendre, Messieurs, sera difficile, car vous aurez à combattre des préjugés, et, ce qui est pire peut-être, à dédaigner des épigrammes. L'honorable, le noble lord Erskine, une fois convaincu, comme il le déclare, qu'il ne saurait y avoir de cœur véritablement bon, ni d'éducation tout à fait complète SANS COMPASSION POUR LES ANIMAUX, eut le courage de lutter seul contre l'hilarité et les sarcasmes du parlement anglais. Vous n'aurez pas moins de zèle et de fermeté que lui et, à son exemple, vous réussirez; car, vous le savez tous, Messieurs, ses efforts ont eu un véritable résultat, patroné aujourd'hui dans la Grand-Bretagne par la royauté elle-même.

» Votre association ne peut encore agir qu'en suivant des voies purement morales: il faut donc tenter toutes ces voies en l'absence de moyens répressifs, jusqu'à ce que, par vos démarches, vous ayez obtenu une loi sur laquelle il vous soit permis de vous appuyer. D'ici là, Messieurs, vous serez une Société militante, dont toute la force résidera dans le dévouement au principe, objet essentiel de votre confraternité.

» En conséquence, après vous être constitués, après avoir accepté les conventions réglementaires que vous nous avez donné mission de formuler, vous aurez, comme premier acte de votre existence, à vous occuper immédiatement de rédiger une supplique au gouvernement et aux chambres. Vous solliciterez leur sagesse à combler une lacune importante du Code français, en y insérant la consécration des devoirs de l'homme envers les êtres inférieurs qui sont à portée de ses atteintes et en désignant le genre de répression qu'il conviendrait d'apporter à la violation de ces devoirs.

» Lorsque vous aurez réalisé ce projet, la France sera fière, à plus juste titre que d'autres pays voisins, de l'harmonie de ses lois, car en défendant de maltraiter un cheval, elles n'autoriseront personne, ni à châtier des soldats par le bâton, ni à vendre des femmes sur les marchés publics! Le caractère bien tranché de ces législations avec la nôtre, c'est que l'humanité lésée aurait à effacer dans les unes des lignes barbares, et dans l'autre, à ajouter quelques mots seulement qui en compléteraient et l'esprit et les tendances.

» Vous êtes ici, Messieurs, les mandataires de cette même humanité... Armez-vous donc d'avance contre les obstacles qui se présenteront sur votre route; car le bien, continuellement jalousé par tout ce qui n'est pas lui, ne peut se faire jour qu'à force de persévérance et de sacrifices: il ne lui est point permis, — et ainsi le veut sans doute l'ordre de la Providence, — de s'effectuer sans peine, d'être approuvé dès la première vue, d'atteindre sans combat au moindre succès. Enfin, il ne lui a pas été donné d'emporter souvent des victoires d'emblée. *Patience et longueur de temps*, telle doit être à notre avis, Messieurs, la devise sacramentelle, la politique intime de votre association. »

Dans la séance du 31 décembre, on s'occupe de la révision des statuts et des démarches à faire auprès du gouvernement et des autorités.

Dans la séance du 26 janvier 1846, la Société adopte les statuts définitifs. M. Pariset, son président, fait la lecture d'un travail digne en tous points du cœur et de la plume de son auteur. Ses paroles accueillies avec reconnaissance sont destinées à servir d'introduction aux statuts.

INTRODUCTION AUX STATUTS.

Dans les temps de paix et de liberté, l'activité des esprits se tourne vers les améliorations sociales. La physionomie des villes change, les rues s'élargissent et se nettoyent. Les habitations sortent des mains des architectes plus belles, plus élégantes, plus régulières, plus commodes. Les édifices publics, les églises, les écoles, les hôpitaux, les casernes, les prisons, les théâtres s'élèvent sur des plans mieux entendus. Les marchés s'embellissent et se purifient par les eaux abondantes et limpides qu'y versent les fontaines. L'air, cet aliment par excellence, l'air plus pur lui-même trouve des ouvertures pour circuler librement et se renouveler sans cesse. Partout magnificence et propreté. Aussi la santé des citoyens se ranime et fleurit : la durée moyenne de la vie augmente. Et ne pensez pas que des réformes si heureuses soient sans action sur le moral. A l'aspect de ces riantes nouveautés, qui s'accroissent de jour en jour, l'amour de l'ordre et du travail, un sentiment de bien-être et de vraie religion pénètrent insensiblement dans les âmes ; on se croit environné d'une force invisible, intelligente et protectrice, comme si la providence de l'homme était celle de la Divinité même.

Voilà ce que l'on voit aujourd'hui dans les grandes villes de France, et principalement dans la capitale. Toutefois, il reste encore beaucoup à faire, soit pour la perfection des procédés industriels, soit pour la salubrité des maisons de travail et des manufactures, soit pour celle des villages et des terres, etc. On s'occupe chez nos voisins d'une enquête minutieuse sur ces différents objets. Le nombre en est infini ; mais rien ne résiste à la persévérance : et dégagé désormais, s'il peut l'être, de l'horrible soin de se détruire, l'homme peut tout obtenir du soin de se conserver.

Une de ces améliorations si désirables serait de faire entrer dans les mœurs du peuple des habitudes de ménagement, de douceur, de pitié, nous dirions presque de justice envers les animaux. Nous voulons parler plus particulièrement des grands animaux domestiques ; de ceux qui, de leur force, de leur enveloppe extérieure aussi bien que de leur propre chair, nous servent, nous protégent, nous nourrissent, et forment à la lettre la principale richesse des peuples et le plus solide fondement de leur prospérité. Privé de ces auxiliaires qui, dans l'ordre de la création, l'ont heureusement précédé, que serait devenu le genre humain ? que deviendrait-il, s'ils cessaient tout à coup d'exister ? Le genre humain s'éteindrait sans doute comme se sont éteintes tant de peuplades sauvages, qui n'avaient pour se soutenir que leurs propres ressources. Cela posé, comment ce seul intérêt n'a-t-il pas fait comprendre que, pour assurer son bien-être par le leur, l'homme devait s'attacher à la conservation des animaux, en exerçant leurs forces par un travail modéré, en les entretenant par une nourriture suffisante et bien choisie, en leur donnant des demeures spacieuses, propres, salubres, c'est-à-dire aérées ; car l'air leur est encore plus nécessaire qu'à nous-mêmes, et, finalement, en cultivant leur intelligence et leur sensibilité, en développant leurs heureux instincts, en tempérant, l'une par l'autre, leurs qualités morales : la patience et le courage, l'ardeur et la docilité ; car c'est par ces qualités mêmes qu'ils deviennent pour l'homme le plus précieux de ses instruments. Rassemblez, en effet, tous les traits de bonté, d'invention, de dévouement, de reconnaissance et de générosité, que les naturalistes ont recueillis sur les animaux, vous en conclurez qu'avec une ombre de justice et de gratitude dans le cœur, l'homme serait partout pour les animaux, ce qu'est le Maure, le Turc, l'Arabe et l'Hindou ; i serait pour eux ce que Platon veut qu'on soit pour son esclave ; il veut qu'on le traite comme un ami malheureux.

Ce sont là des vérités dont on se pénètre en 'approfondissant l'histoire et de l'éléphant et du cheval ; du cheval, ce noble compagnon de l'homme, si noblement célébré par Buffon. Dans les tristes nécessités de la guerre, que ferait une nation dépourvue de chevaux ? Ne serait-elle pas vaincue, ainsi que la Chine l'a été tant de fois ?

Mais il est des vérités qui ne sont bien enseignées que par les contraires. Dites à un fermier : Vous avez des animaux pour tous les travaux des champs. Quelques justes raisons que vous ayez de leur supposer du sentiment, de la mémoire, du jugement, des affections et des volontés, tenez pour certain qu'ils ne sont que ce qu'en ont dit certains philosophes : de purs automates, ou, si vous voulez, des mécanismes aveugles, arrangés, il est vrai, pour produire des mouvements, mais brutes, inertes, n'ayant absolument rien d'une nature animée comme la nôtre ; ne les épargnez donc pas ; arrachez-leur, par le fouet et le bâton, tous les services qu'ils doivent vous rendre ; s'ils fléchissent, frappez sans scrupule ; et si, dans les emportements de la colère, vos coups sont mal mesurés, qu'importe ? puisque vous frappez sur une matière insensible. Par là vous obtiendrez inévitablement trois résultats : le premier, de ne tirer de vos animaux que des services imparfaits ; le second, d'abréger singulièrement leur durée ; le troisième, s'il est quelques-uns de ces animaux que vous destiniez à votre nourriture, soyez assuré que leur chair, détériorée par la douleur et la fatigue, sera pour vous un aliment dangereux et peut-être mortel.

Assurément, si quelque homme était assez insensé pour. donner de si abominables conseils, personne ne le serait assez pour les suivre. Et cependant, il semblerait qu'ils sont donnés et suivis. Quel odieux spectacle, en effet, nous offrent les grandes villes ! ces villes où la plus brutale férocité déploie ses fureurs sur les animaux les plus utiles et les plus doux ; où le cheval, méconnu, maltraité, mal nourri, chargé de travaux et couvert de plaies, traîne dans la fange une vie d'amertume et d'ignominie ! où les veaux qui sont destinés à nos tables, et que l'on amène de loin dans de lourdes charrettes, y sont entassés et couchés les uns sur les autres, la tête pendante, les yeux rouges et gonflés, les jambes et les pieds si fortement garrottés que ces parties s'irritent, s'enflamment, se tuméfient : que la fièvre s'allume, qu'une diarrhée s'établit si violente qu'elle entraîne au dehors une portion des intestins. Arrivés aux marchés qui leur sont affectés, on les jette du haut de la voiture sur le pavé, où ils tombent de toute leur masse et presque sans vie. C'est dans cet état qu'ils sont vendus, sacrifiés, dépecés, distribués aux consommateurs. Or, de quelque paradoxes que soit coloré ce qu'on a dit touchant l'innocuité d'une telle nourriture, il n'entrera dans l'esprit de personne que jamais elle ne soit malfaisante et qu'elle ne puisse porter dans notre économie quelque principe aussi pernicieux que l'est la chair du porc affecté de ladrerie, dernier fait soutenu par l'habile professeur Chaussier. Et quand on songe à la prodigieuse variété des combinaisons que peuvent former entre eux, par mille et mille causes, les mobiles éléments de la matière animale, il est deux choses dont l'une cesse d'étonner, et dont l'autre étonnera toujours : la première est le soin presque ombrageux que mettaient d'anciennes nations dans le choix des aliments de cette nature; la seconde est l'insouciante sécurité où vivent, sur ce point, les nations modernes.

Cependant écoutez l'expérience. Ecoutez des médecins éclairés : Lentilius, Fehr, Borel, Richter, Pierre, Frank lui-même, etc., vous apprendrez que, sous les plus belles apparences, la chair toute récente d'un animal recèle quelquefois un poison dangereux; à plus forte raison, lorsque cette chair a été détachée d'un animal altéré par une maladie quelle qu'elle soit. Ces altérations sont de différentes natures; et chacune d'elles a des degrés différents; mais dans la série si variée de nos organisations, le degré le plus faible peut en rencontrer une où il produira des accidents graves, soit sur-le-champ', soit après quelques jours, ou même quelques mois. On a vu naître de là des épidémies désastreuses. N'est-ce pas pour prévenir de telles calamités que l'élève de l'Egypte, le divin Moïse, a écrit le Lévitique ?

Il est donc visible que des barbaries si gratuites compromettent la santé des citoyens; mais il est visible aussi que chaque jour elles mettent sous nos yeux des tableaux offensants pour la décence publique, et qu'elles nourrissent dans le cœur du peuple ce fond d'insolente et noire méchanceté qui le porte à nuire pour le seul plaisir de mal faire; à jeter, par exemple, ses voitures sur les voitures voisines, afin de les arrêter ou de les rompre, à créer dans les rues des embarras inextricables, à répondre à des remontrances ou à des prières par des injures et des menaces, et finalement à provoquer des querelles, des luttes, des batteries sanglantes : sortes de délits, quelquefois meurtriers, que la justice ne saurait punir, parce qu'elle ne peut démêler quels ont été les premiers torts. Comment des hommes si prompts à s'irriter sans raison contre les animaux, ne le seraient-ils pas à s'irriter contre leurs semblables ? On dirait qu'ils cherchent à se venger de leur bassesse par des violences, oubliant que ces violences mêmes achèvent de les avilir, et qu'ils se vengeraient plus noblement par des actes de modération, de sagesse et d'humanité. C'est en effet par là que, se respectant lui-même, le peuple se rendrait respectable à tous les hommes : c'est par là qu'il ferait rougir ceux qui affectent de le mépriser, mais dont sa mauvaise conduite, il faut l'avouer, semblerait justifier les mépris.

Voilà ce qu'il importerait surtout de faire sentir et d'enseigner au peuple. Par une gradation infaillible dans ses sentiments, il passerait de la douceur, de la pitié, de la justice pour les animaux, à la compassion la plus tendre pour les siens, et pour les hommes en général; heureux changements qu'étaient parvenus à produire par leurs maximes et leur exemple les disciples de Pythagore; voyez ce qu'en dit Porphyre : une fois prises, ces saintes habitudes arracheraient sans doute le peuple aux honteux excès de ses intempérances. Tout se lie, tout se tient dans notre nature si mobile, si flexible, et si prompte à s'attacher au bien par l'attrait du bien lui-même; car un bien présent en prépare un autre pour l'avenir. Les bonnes habitudes, de même que les mauvaises deviennent en effet héréditaires; elles entrent les unes et les autres dans les éléments primitifs de nos organisations.

Six siècles de guerre contre tous les peuples et contre eux-mêmes
avaient allumé dans le sang des Romains une cruauté effroyable. Ras-
sasiés de carnage sur les champs de bataille, ils allaient s'en repaître
encore dans les jeux sanglants de leurs amphithéâtres. Ces affreuses
délices avaient pénétré partout. Saint Augustin les rencontra chez les
Maures de Césarée. Sa touchante parole leur ouvrit les yeux sur l'op-
probre de ces atroces voluptés ; ils pleurèrent sur eux-mêmes, et furent
corrigés pour jamais. Quelques-unes de ces abominations vivent encore
de nos jours, spécialement en Espagne, dans ces combats si vantés et
si révoltants, où l'on voit le plus généreux de tous les animaux, le
cheval andalou, éventré par le taureau, obéir encore à la cruelle main de
son maître et marcher contre l'ennemi, en foulant sous ses pas ses propres entrailles! Est-ce là un spectacle fait pour une nation magnanime,
et comment l'Espagne n'a-t-elle pas eu encore un Las Casas pour les animaux ?

Bien qu'elle ait encore des vestiges de son ancienne rusticité, bien que
la plus ignoble des gymnastiques (la boxe) la fasse encore frémir de joie,
l'Angleterre cependant, il faut le reconnaître, a la première placé les
animaux sous la protection sacrée des lois humaines : initiative que la
France aurait dû prendre, et qui suscite aujourd'hui le zèle, la pitié,
la charité, l'humanité des Allemands. En Bavière, pour transporter à
de grandes distances les animaux destinés à la nourriture des habitants, on a inventé des voitures suspendues, larges, aérées, solides et
légères, telles que les eussent faites la morale, l'hygiène et l'économie,
où ces animaux, debouts ou couchés l'un près de l'autre, voyagent à
couvert, respirent en liberté, et n'ont à souffrir ni la fatigue ni les tortures qu'on leur fait subir parmi nous; ils ont ainsi toute leur santé, et
leur substance donne un aliment salubre et délicat. D'un autre côté,
dans la capitale de la Bavière, à Munich, une société s'est formée sous
l'inspiration du docteur Perner, et sous les auspices des personnages
les plus augustes, pour reprendre, continuer, perfectionner l'œuvre de
l'Angleterre, cette œuvre digne d'une nation vraiment civilisée, qu'une
parole d'Erskine a tirée du néant, et qui, reçue d'abord avec défaveur,
a fini par triompher de la raillerie et mérité l'honneur d'entrer dans la
législation. Ce qu'on a fait en Angleterre, en Bavière, en Saxe, en Prusse
et en Autriche, il est temps de le faire en France.

Une Société vient de se constituer à Paris sur le modèle de la Société
de Munich. Elle se propose de marcher dans les mêmes errements, de
travailler comme elle par la persuasion, les encouragements, les récompenses et, s'il le faut, par les sévérités de la justice, à la répression
des sévices criminels que l'on se permet contre les animaux et qui désho-
norent tout à la fois et le barbare qui les inflige, et la nation qui les tolère. Le dessein qui anime cette Société lui conciliera, sans doute, l'as-
sentiment de toutes les âmes honnêtes, aussi bien que l'appui des magistrats; et de même que la Société de Munich compte au nombre de ses
membres, ou plutôt de ses protecteurs, les reines de Prusse, de Saxe et de
Bavière, le prince royal et le prince Luitpold de Bavière, le prince régnant
de Schwartzbourg-Sondershausen, le prince et la princesse de Saxe-Alten-
bourg, le duc et la duchesse de Leuchtenberg, etc., la Société de Paris

osera invoquer la protection des princes et des princesses de la maison de France; car c'est uniquement cet auguste concours qui peut donner aux travaux de la Société l'autorité qui leur est nécessaire pour être efficaces. Du reste, s'il semblait contradictoire d'appeler quelque pitié sur des êtres qui, tout à l'heure, périront de mort violente par nos propres mains, nous ne voulons pas, pour nous montrer conséquents, proposer la suppression de toute nourriture animale. Dans l'état actuel des choses sur toute la terre, cette suppression serait plutôt un attentat contre notre espèce qu'un bienfait pour les animaux. Que l'homme en fasse sa proie, il en a le droit; sa conservation est à ce prix. La mort n'est point un mal; Socrate et Buckland l'ont dit. Elle est entrée, de toute éternité, dans les conseils du souverain être, afin de maintenir entre toutes les créatures un certain équilibre. C'est la douleur qui est un véritable mal; c'est l'ardente ou froide cruauté qui est un véritable crime; c'est ce crime qu'il faut épargner et à l'animal qui le souffre et à l'homme qui s'en rend coupable. Que l'homme soit, s'il se peut, toujours doux et toujours humain; car dans l'étrange monde qu'il habite, il n'aura jamais trop de vertus!

STATUTS

DE LA

SOCIÉTÉ PROTECTRICE DES ANIMAUX,

CHAPITRE PREMIER.

Article premier. Il est fondé à Paris une Société, à l'instar de celles qui existent déjà en Bavière et en Angleterre, et ayant pour objet de poursuivre par tous les moyens la répression des mauvais traitements exercés sur les animaux.

Art. 2. Cette Société prend le titre de: *Société protectrice des animaux.*

Art. 3. Toute personne sans distinction de sexe ni de condition peut être reçue sociétaire, si elle satisfait aux conditions prescrites par les statuts, et qui sont :

1° Adresser au conseil d'administration une demande indiquant les noms, profession, demeure du postulant;

2° Acquitter le prix *d'une carte* qui lui sera délivrée, et qui est fixé à *un franc* ;

3° Payer une cotisation annuelle, dont le minimum est de *deux francs* ;

4° Concourir selon ses moyens et sa position au but que la Société se propose.

Art. 4. La Société se réunit au moins une fois par année en assemblée générale.

Art. 5. Elle est régie et représentée par un conseil d'administration.

CHAPITRE II.

Art. 6. Le conseil d'administration, comme représentant de la Société, accomplit ou ordonne les travaux et les démarches qu'il juge nécessaires au but de son institution.

Art. 7. Le conseil d'administration est composé de trente-trois membres, dont les fonctions durent trois ans.

Art. 8. Il est renouvelé par tiers chaque année.

Art. 9. Pour les deux premières années, le sort devra désigner les noms des membres sortants.

Art. 10. Les membres sortants du conseil d'administration sont rééligibles.

Art. 11. Toute personne, faisant partie de la Société et ayant atteint sa majorité, peut être membre du conseil d'administration.

Art. 12. Le conseil d'administration choisit dans son sein un bureau qui est aussi celui de la Société.

Ce bureau se compose de :

1° Un président d'honneur ;

2° Un président ;

3° Trois vice-présidents ;

4° Deux secrétaires généraux, un pour la correspondance en France, le second pour la correspondance à l'étranger ;

5° Trois secrétaires des séances ;

6° Un trésorier ;

7° Un archiviste.

Art. 13. Le conseil renouvelle son bureau tous les ans dans le courant du mois de janvier.

ART. 14. Le conseil d'administration s'assemble une fois par mois, sur l'invitation du président qui pourra, en outre, le convoquer chaque fois qu'il le jugera nécessaire.

Art. 15. Le conseil d'administration est autorisé à éliminer de la Société les membres qui après trois invitations n'auraient pas payé le montant de leur cotisation ou qui paraîtraient devoir être exclus pour tout autre motif grave.

Art. 16. La Société décerne des primes et des récompenses aux garçons de ferme, cochers, palefreniers, conducteurs d'animaux, à toute personne, enfin, qui a fait preuve de bons traitements et de compassion envers les animaux. Elle donne des médailles comme prix aux auteurs des meilleurs mémoires sur les questions qu'elle a mises au concours.

Art. 17. Les recettes et les dépenses sont faites au nom du conseil d'administration et avec son approbation par le trésorier, dont les comptes sont vérifiés à la fin de chaque année.

Art. 18. Dans les réunions du conseil, les délibérations sont prises à la majorité des membres présents par assis et levés, à moins que le vote au scrutin secret ne soit demandé par cinq membres au moins.

Art. 19. En cas de démission ou de mort d'un ou plusieurs de ses membres, le conseil d'administration est autorisé à pourvoir à leur remplacement.

Chapitre III.

Art. 20. Chaque année les membres de l'association se réuniront en assemblée générale. A cet effet, ils seront convoqués quinze jours à l'avance par le président.

Art. 21. L'assemblée générale sera présidée par le bureau du conseil d'administration.

Art. 22. Elle procédera d'abord à la réélection des membres sortants du conseil d'administration.

Art. 23. Ces élections seront faites à la majorité relative des membres présents par bulletins de liste et au scrutin secret.

Art. 24. Toute personne majeure est apte à voter.

Art. 25. On entendra ensuite en séance publique :

1° Le rapport des secrétaires généraux sur les travaux de l'année et la situation de l'année ;

2° Les rapports sur les faits et sur les mémoires qui auront mérité des primes, des récompenses et des médailles.

Art. 26. A la fin de la séance, le président fera, au nom de la Société, la distribution des récompenses.

Art. 27. Le rapport des secrétaires généraux sera imprimé et distribué à tous les sociétaires.

Chapitre IV.

Art. 28. Le conseil d'administration peut faire aux présents statuts les changements dont l'expérience lui aura démontré l'utilité, mais il devra les faire ratifier par la Société dans la plus prochaine assemblée générale.

Art. 29. Les présents statuts, ainsi que tous les changements qui pourront y être apportés, seront soumis à l'approbation de l'autorité compétente.

––––––––

Le 31 janvier, une députation composée de dix-huit membres s'est rendue auprès de M. le préfet de police pour lui remettre les status et autres documents de la Société, et invoquer pour elle l'appui de l'autorité. M. Delessert, après avoir adressé les paroles les plus flatteuses au président de la Société, M. le docteur Pariset, ainsi qu'à son fondateur, M. P. de Cassel, ajouta que non-seulement il adhérait pleinement à leurs vues bienfaisantes, mais qu'il demandait à être compté au nombre des membres les plus zélés de cette nouvelle association.

Dans la séance du 3 avril dernier, M. le président annonce à la Société que ses documents lui ont été rendus après avoir passé par les formalités d'usage ; il lui communique l'autorisation officielle du gouvernement ; en conséquence il déclare la SOCIÉTÉ PROTECTRICE DES ANIMAUX définitivement constituée à Paris.

Cette nouvelle est accueillie avec une vive satisfaction.

M. Hamont, secrétaire général pour la France, donne connaissance des adhésions écrites ou verbales, qui déjà viennent au devant des intentions de la Société ; elles sont au nombre de 64. Nous y voyons des agronomes distingués telles que MM. *de Rainneville, des Colombiers*, président de la société d'agriculture de l'Allier ; *de Valmer*, membre de la société d'agriculture de Seine-et-Marne ; les marquis *de Chabannes, de Faudoas-Rochechouart, de Chavaudan*, les comtes *de Givry, de Chalus, de Rochefort, de Malartic;* MM. *Bossin-Moll*, professeur d'agriculture au conservatoire des arts et métiers ; *Jacquemin, Marie, Léon de Laborde*, député et membre de l'Institut ; *de Curnieux, Matthias*, conseiller à la Cour royale de Paris ; *Canoby*, directeur de la THÉMIS ; les docteurs *Amédée Latour, Pierre Gratiolet, Blatin, Labarraque, Dumont (de Monteux), Ricard de Morgny*, etc.,etc.

M. P. de Cassel, secrétaire général pour l'étranger, communique à la Société les lettres de félicitations que lui adressent M. le docteur Perner, de Munich, et M. Henry Thomas, secrétaire général de l'association anglaise.

M. Perner exprime, dans les termes les plus flatteurs, son estime pour le digne président de la nouvelle association française et tous ses vœux pour elle. M. Pariset prie le secrétaire général de témoigner à M. Perner toute la gratitude de la Société et la sienne en particulier ; il espère que la Société de Paris saura suivre les bons exemples de sa sœur de Munich, et il compte beaucoup sur le résultat de leur bonne confraternité.

La Société s'occupe alors des mesures à prendre pour donner connaissance de son existence, le plus promptement et le plus largement possible. Elle nomme un comité de *rédaction composé de sept membres.*

Les cartes, la devise, le timbre de la Société, tout enfin est déterminé pour hâter ses développements et ses travaux, en faisant appel à toutes les âmes généreuses et aux esprits éclairés qui, n'en doutons pas, en France comme ailleurs, s'associeront à ses vues, et approuveront son mot d'ordre :

JUSTICE ET COMPASSION, HYGIÈNE ET MORALE.

INSTALLATION OFFICIELLE

DE LA SOCIÉTÉ PROTECTRICE DES ANIMAUX

A L'HOTEL DE VILLE.

Le 8 mai 1846, la Société, jusque-là redevable de l'hospitalité à son premier fondateur, M. P. de Cassel, fait son entrée à l'Hôtel-de-Ville et tient sa septième séance dans la salle de la caisse d'épargne. 200 membres sont présents.

VISITE

AU MINISTRE DE L'AGRICULTURE ET DU COMMERCE.

Mercredi 10 juin 1846, une députation de la Société protectrice des animaux a été reçue en audience particulière, par M. le ministre de l'agriculture et du commerce.

En l'absence de MM. les présidents, M. de Valmer a été désigné pour porter la parole. Notre honorable collègue a exposé à M. le ministre le but que se propose d'atteindre la Société, fondée, comme nous l'avons dit, à l'instar de celles d'Angleterre, d'Allemagne, etc.

M. Cunin-Gridaine a écouté M. de Valmer avec tout l'intérêt que comporte un pareil sujet. Il a témoigné de sa sympathie pour la création d'une Société qui embrasse tant de questions d'une si haute portée, et dont plusieurs relèvent directement de son ministère.

M. le ministre a demandé que la Société voulût bien lui

communiquer ses statuts, la liste des adhérents ; la traduction du réglement de la société anglaise et des bill's qu'elle a provoqués Il a demandé, en outre, que la société lui adressât un travail indiquant comment elle comprend le mode d'action qu'elle s'est imposé ; quelles sont ses ressources pour y parvenir, et enfin de quels moyens généraux et particuliers elle peut disposer.

En quittant M. le ministre de l'agriculture et du commerce, la députation a reçu de lui l'assurance qu'il accepterait, pour les faire distribuer dans les comices et les sociétés agricoles, les publications les plus utiles qui émaneraient de la Société.

———

Lecture faite dans la séance du 11 juin 1846 par M. le vicomte de *Valmer* de son travail sur les colliers anglais et sur ceux de MM. Hermet et de Marcellange.

Messieurs,

En formant la Société protectrice des animaux, nous n'avons pas entendu, sans doute, nous borner à réprimer les sévices exercés contre eux ; nous avons pris l'engagement de travailler à améliorer leur sort, par la recherche et la propagation des inventions utiles ; car si nous avons à gémir de la brutalité de certains conducteurs de chevaux, nous ne devons pas moins déplorer la fâcheuse insouciance des propriétaires, qui pourraient quelques fois prévenir ces cruautés, et bien souvent améliorer la condition de leurs propres chevaux, en diminuant la dureté du joug auquel sont soumis ces animaux généreux.

C'est sous l'empire de cette pensée, que je voudrais appeler votre attention sur l'habitude, trop générale en France, d'accabler nos malheureux chevaux sous le poids d'énormes colliers, véritables carcans, bien plus lourds et non moins durs que cet instrument de supplice.

Les colliers qui sont en usage dans la plupart de nos départements pèsent de 12 à 25 kil. : ils sont garnis d'énormes attelles et recouverts de larges peaux de moutons, noires, blanches, bleues, sales, puantes, incommodes en hiver et insupportables en été. L'animal fatigué par le poids et par la chaleur qu'excite ce ridicule harnachement, marche péniblement, baisse la tête, et trop souvent se blesse sur le garrot. Pensez-vous que le charretier essaie de remédier à cet inconvénient? Pas du tout, et ordinairement il ne s'en aperçoit que quand le cheval ne peut plus travailler.

Dans d'autres circonstances le cheval engraisse, le collier devient trop petit, mais personne ne songe à lui en ajuster un autre, la pauvre bête est strangulée, jusqu'au jour où forcée de monter une côte, lacérée par le fouet, elle tombe asphyxiée; alors un passant..... un homme au cœur honnête..... doué de ce bon sens qui court les rues, en sens inverse des charretiers qui les parcourent, s'approche et fait voir que le collier est trop étroit.

Le cheval vient-il à maigrir, et c'est le sort hélas! qui l'attend le plus souvent, alors le collier le blesse à la pointe de l'épaule; cependant il faut qu'il tire, ou le fouet, toujours le fouet, va faire justice de ce qu'on appelle sa fainéantise.

Indigne conducteur.... regarde donc, la chair est au vif, et parce que, comme tu le dis, le cheval est dur, crois-tu qu'il soit insensible à la souffrance que tu lui infliges gratuitement? Cependant cette fois le mal saute aux yeux, la plaie est rouge... le maître la voit...portez le collier chez le bourrélier, il est trop large.... Il est trop large, dit l'ouvrier sous l'empire de sa routine.... il est trop large, qu'on le rembourre, et voilà le monstrueux collier qui devient de 4 ou 5 livres plus lourd qu'il n'était auparavant.

Ainsi la condition du cheval, loin de s'améliorer, s'est empirée; il souffre, il continue de travailler, il est fouetté de plus belle. Enfin ce noble animal, couvert de plaies, est réduit après 4 ou 5 ans de travail à l'état d'avilissement où nous le voyons, attaché derrière la charrette de l'équarisseur.

Ce spectacle fait honte à l'homme, car il témoigne de son ingratitude et de sa cruauté pour le plus généreux des animaux. Il témoigne de son ignorance, car en agissant comme il le fait, l'homme travaille contre son propre intérêt... Que l'on s'informe du motif de la prédilection accordée aux lourds colliers... Les uns répondent que les chevaux tirent mieux avec ces colliers à épaisses mamelles, les autres que les larges attelles protègent les chevaux de roulage... quelques-uns que c'est l'usage... quelques autres qu'ils n'en savent rien et n'y ont jamais réfléchi.... Erreur, ignorance, insouciance, voilà le résumé de toutes les réponses qu'on obtient. Cependant pour peu qu'on ait voyagé, on a remarqué que dans tous les pays où le cheval est mieux apprécié qu'il ne l'est en France, les colliers sont partout devenus moins lourds ; que déjà même dans la Flandre ils sont presque légers, et que la routine seule nous attache aux lourds colliers.

Le mal est connu, le remède est simple ; mais il s'agit de l'appliquer, mais il faut vaincre le préjugé, changer les habitudes ; la tâche est rude, c'est à nous, messieurs, qu'il appartient de l'entreprendre.

Pour arriver au but que je vous propose, je n'ai pas craint de faire apporter ici, devant des dames, dont les yeux sont habitués à l'éclat de colliers bien différents, deux espèces de colliers destinés à soulager nos chevaux, et j'espère que je trouverai grâce devant elles en faveur de l'intention. Ces colliers, sans réunir toutes les conditions désirables, m'ont paru cependant mériter votre approbation. Le premier est un collier anglais, pesant de 6 à 7 kil. seulement, et dont je me sers avec succès depuis cinq ans dans mon exploitation agricole, tant pour les travaux de la terre que pour les charrois ; il est employé dans toutes les parties de l'Angleterre, pour tous les usages, depuis un temps infini. Sa bonté a subi l'épreuve d'une longue expérience.

Le deuxième est un collier inventé par un de nos compatriotes, M. *Hermet*, sellier, à Paris. Cet habile artisan a eu la noble pensée de ne pas vouloir céder le pas à nos voisins d'outre-Manche ; son travail a été couronné de succès, et ses colliers à arçons d'acier, après avoir été adoptés par un bon nombre de maîtres de postes et de cultivateurs, ont obtenu une médaille à la réunion du comice agricole de Seine-et-Marne. J'essaie ces colliers depuis près d'un an, et tout me fait espérer qu'ils pourront remplacer les colliers anglais, sur lesquels ils ont l'avantage d'être brisés, ce qui les rend plus faciles à placer sur le cheval.

Enfin une invention nouvelle vient de se produire, et me paraît de nature à amener d'excellents résultats, si comme l'assure l'auteur, M. de *Marcellange*, ses colliers doivent en raison d'un nouveau mode de rembourrage, empêcher les chevaux de se blesser.

Ces colliers, dans le genre de ceux de l'artillerie, m'ont paru bien faits et sont à peu près du même poids que les deux autres.

Quoiqu'il en soit, messieurs, je n'ai ni l'intention, ni la prétention d'établir un privilége en faveur des colliers dont je viens d'avoir l'honneur de vous parler... Mon but est seulement de vous les recommander tous les trois comme susceptibles de remplacer avantageusement les lourds et hideux colliers dont on s'est servi jusqu'à présent et auxquels depuis plusieurs années je fais une guerre de conviction. Daignez me seconder, messieurs, rangeons-nous sous la même bannière, attaquons avec persévérance, par l'exemple, par la persuasion, les habitudes mauvaises, et nous aurons rempli une partie de la mission que nous nous sommes imposée, en nous déclarant les protecteurs des animaux. DE VALMER.

Mémoire adressé — sur sa demande — à M. le Ministre de l'agriculture et du commerce, par M. Hamont, médecin vétérinaire, membre de l'Académie royale de médecine, vice-président de la Société orientale, secrétaire-général de la Société pour la France, etc.

Au nom d'une commission composée de MM. *Pariset, Flandin, Vivien, Hamont* (rapporteur), *Schœlcher, de Valmer, P. de Cassel, Mme P. de Cassel, Amédée Latour, Ricard de Morgny, Labarraque, Pellion, G. Richelot, Blatin.*

Avant d'entrer en matière, permettez-moi de vous e antécédents sur lesquels il importe d votre atte ion

Peu de temps après la constitution de notre Société, l'hono bette s'exprimait ainsi à la chambre des députés, à l'occasion les « En s'occupant de la production des chevaux, il faut s'occuper aussi de leur conservation, et, à cet égard, des mesures ont été prises dans plusieurs pays qui peuvent être données en exemple.

» L'Angleterre, l'Allemagne, la Bavière, la Suisse ont fait des réglements contre les sévices exercés envers les animaux. Une Société s'est aussi organisée à Paris pour arriver au même résultat; M. le ministre ferait bien de lui donner des encouragements. — Et ce n'est pas seulement sous le point de vue de l'espèce chevaline que la question doit être envisagée, c'est encore sous celui de l'adoucissement des mœurs. — L'homme dur envers les animaux le devient aussi envers ses semblables.

» M. le ministre n'a pas pris l'initiative à cet égard; il est à regretter qu'il n'ait pas encore présenté un projet de loi à l'instar des lois qui sont en vigueur dans les pays que je viens de citer. »

M. le ministre répondit : « C'est pour la première fois que j'entends parler d'une Société existant à Paris, dans le but de prévenir les mauvais traitements à l'égard des animaux.

» Je conçois parfaitement le but généreux de cette pensée; mais avant de donner mon opinion sur ce point, que M. Lherbette me permette d'attendre des renseignements. »

Le 10 juin de cette année, la Société crut devoir déléguer plusieurs de ses membres près de M. le ministre de l'agriculture et du commerce pour solliciter sa coopération et son appui. — M. le ministre exprima sa sympathie pour la création d'une Société à laquelle se rattachent tant de questions d'une haute portée, dont quelques-unes rentrent dans les attributions de son ministère.

Il demanda que la Société voulût bien lui donner communication de ses statuts, de la liste de ses adhérents avec la traduction des statuts constitutifs de l'association anglaise et des bills qu'elle a provoqués. Il demanda encore que la Société lui adressât un travail indiquant :

1º Les ressources dont elle peut disposer;

2º Comment elle entend fonctionner;

3º Enfin, les moyens généraux et particuliers qu'elle se propose de mettre en œuvre.

Le travail que je vais avoir l'honneur de vous soumettre répond à ces diverses demandes.

I.

Est-il vrai qu'en France, les animaux domestiques sont en général maltraités et placés dans des conditions telles que la somme des services qu'ils peuvent rendre, la quantité et la qualité de leurs produits en soient notablement diminués?

De la solution de cette question doivent sortir les raisons qui légitiment notre association.

Si nous portons nos regards sur les animaux domestiques pour les observer dans les situations diverses où l'homme les place et les maintient dans la vue d'un avantage direct et prochain, nous sommes frappés d'étonnement et conduits à nous demander comment l'homme a pu travailler avec une persévérance aussi déplorable contre ses propres intérêts.

De toutes parts, en effet, dans les villes comme dans les campagnes, chez le riche comme chez le pauvre, les animaux domestiques semblent, trop souvent, traités comme des ennemis dont il importe de se défaire au plus tôt.

Placés dans la dépendance absolue de l'homme, ils n'ont encore obtenu, en retour des services qu'ils lui rendent, aucune garantie, aucune protection contre de mauvaises passions.

L'homme peut les battre, les torturer, sans avoir à redouter la moindre peine, sans rencontrer le moindre obstacle.

Par le fait de notre état social, les animaux domestiques sont devenus nos plus précieux instruments de fortune, et cependant on les dédaigne, on les met hors la loi.

Pour eux point de pitié, point de justice.

Ces créatures sont-elles donc si misérables, si dépourvues d'âme et d'intelligence, pour que l'homme, qui se dit créé à l'image de Dieu, puisse se croire affranchi de tout devoir de justice, de toute commisération envers les animaux?

Et cependant, est-il un spectacle plus affligeant que celui dont chaque jour nous rend témoins?

Voyez cette voiture traînée par plusieurs chevaux; un conducteur les guide et les gouverne; sa main est armée d'un long fouet. — Dans ce qui frappe nos yeux, tout semble avoir été prévu, disposé pour porter atteinte à la santé, à la vie des animaux.

D'énormes colliers pèsent sur l'encolure, sur les épaules, contusionnent, meurtrissent les chairs et donnent naissance à ces engorgements difformes, à ces plaies hideuses qui viennent accuser l'incurie de l'homme et la brutalité de ses pratiques absurdes.

Mais ce n'est pas tout, le mal n'est pas complet.

Sur ces monstrueux colliers qui déforment et tarent un animal, il a fallu placer encore de larges peaux de moutons garnies d'une laine épaisse, comme pour l'échauffer, le tourmenter et ajouter à l'effet désastreux du collier une seconde cause de destruction.

Si vous portez, maintenant, les yeux sur le conducteur, n'êtes-vous pas effrayé de son attitude? La manière cruelle avec laquelle cet homme conduit les animaux confiés à ses soins, n'en fait-elle pas une déplorable exception dans une société bien organisée?

Placé près de ses chevaux, il en est moins le guide que l'épouvantail. — Que l'attelage marche d'un pas précipité ou ralentisse son allure, de vigoureux coups de fouet, s'ils excitent quelquefois les chevaux, viennent le plus ordinairement donner la preuve de son injustice et de son ignorance.

La charge devient-elle trop considérable, soit par les obstacles du terrain, soit par l'état de lassitude des chevaux, le charretier s'anime; sa figure porte l'empreinte de la colère, il frappe sur la tête, sur le ventre, cherche les parties les plus sensibles pour les irriter, crie, hurle, et frappe encore.

Ce redoublement de coups ne peut-il rendre aux chevaux la force qui leur manque et les aider à vaincre une résistance devenue trop forte? L'intelligence du charretier va se donner carrière. — Armé du manche de son fouet, il frappera sa victime à la tête et lui portera des coups plus rudes que les premiers.

Mais les chevaux tombent accablés dans leurs liens. — Vous pensez, peut-être, que frappé de ces avertissements, le charretier diminuera la charge ou accordera quelque renfort. — Du tout, sa colère augmente, elle devient de la fureur ou de la rage. — Dois-je rappeler, ici, qu'on a vu dans les rues de la capitale des hommes éventrer à coups de couteau des animaux que l'épuisement de leurs forces mettait hors d'état d'obéir aux volontés du maître.

Un mal en amène un autre. — Des passants s'arrêtent justement indignés des cruautés dont ils sont témoins, ils adressent quelques remontrances au charretier qui les repousse en termes injurieux. — Les passants insistent, les injures appellent d'autres injures, des paroles on en vient aux mains, et trop souvent des rixes sanglantes viennent terminer cette première scène.

Vous avez observé des attelages composés, examinez maintenant ces voitures attelées d'un seul cheval. — Qu'elles appartiennent à une administration ou à un simple particulier, c'est toujours le même mode de gouverner les animaux.

Un industriel n'a qu'un cheval, élément essentiel de son travail et de sa fortune; son service est de tous les instants; sans lui, peut-être, son avoir, son avenir, seraient compromis. — L'intérêt de cet homme ne lui commande-t-il pas de tout faire pour conserver dans le meilleur état un si précieux auxiliaire ?

Descendez dans l'examen de ses actes, vous trouverez le contraire.

Avant de partir, notre industriel inspecte avec soin toutes les parties de sa voiture et se hâte de la réparer dès qu'elle se détraque; mais le cheval ? c'est en jurant que le maître l'approche, c'est encore en jurant qu'il le met dans les traits.

Ce bon serviteur est-il faible ou boiteux? qu'importe, il doit marcher, et au besoin, le propriétaire lui fera trouver dans une ample distribution de coups de fouet les forces qui viendraient à faire défaut.

Ainsi poussé, le cheval marche, mais bientôt il s'arrête; les forces lui manquent, ou une douleur intense ne lui permet plus d'avancer.

En présence de faits semblables, ne sentez-vous pas le rouge vous monter au visage quand vous voyez cet homme qui invoque à tout propos la justice, qui s'irrite à un semblant d'offense, se montrer violent et cruel envers un être qui le nourrit de son travail.

Les coups de fouet sont-ils insuffisants, il frappe avec un bâton; et gardez-vous bien de vous apitoyer , en sa présence, sur le sort de ce malheureux serviteur , vous seriez injurié, peut-être même frappé par son bourreau.

N'est-ce pas, ici, le lieu de s'élever contre l'usage du fouet à fléau, et de déplorer la tolérance dont il est l'objet, quand on songe aux abus dont chacun de nous peut avoir été témoin.

Une personne passe près d'une voiture au moment où le conducteur lance un coup de fouet ; dans le demi-cercle qu'il décrit, ce fouet va peut-être, en un instant, la priver de la vue, ou s'enlaçant autour du col et des bras, peut, comme nous en avons été malheureusement témoin, la précipiter sous les roues de la voiture.

Une autre fois, c'est un cheval qui s'épouvante du claquement d'un fouet, claquement, inutile qui n'accélère point la marche des chevaux, auquel les chevaux sont habitués, mais qui peut occasionner quelque catastrophe.

En effet, le cheval épouvanté échappe à l'action de l'homme, s'élance en aveugle, va heurter contre un mur, contre un arbre, ou se jette dans un précipice et y jette avec lui hommes et choses qu'il traînait.

Ici, nous devons dire toute la vérité ; les trois quarts des accidents de cette nature sont particulièrement dus à la méchanceté des conducteurs qu'un sentiment de basse envie porte à effrayer ainsi tous les chevaux de luxe qui passent à la portée de leur fouet.

Un cheval ne saurait être conduit sans être battu, tel est l'empire de l'habitude et de l'imitation.—A cette condition seule, le cheval sera l'*ami* de l'homme. — Est-il permis d'en douter, quand on voit la presque totalité des conducteurs de chevaux, du plus orgueilleux au plus modeste, exercer sur eux des sévices que réprouvent la morale et l'équité?

Après quelques années de misère, après avoir passé de main en main, toujours impitoyablement traités, meurtris, écorchés, la tête basse et l'œil morne, voyez où vont finir, chaque année, ces milliers de chevaux. — Spectres sanglants, quelques-uns sont loin, cependant, d'avoir atteint le terme fixé par la nature, mais un travail excessif les a usés avant le temps, et pêle-mêle au milieu des vieux, pourchassés par le valet d'un équarrisscur, ils vont tout à l'heure, en expirant par la main de l'homme, servir encore son industrie et sa fortune.

Parvenus dans l'enclos de l'équarrisseur, leurs souffrances ne sont pas terminées, une dernière épreuve les attend. — Si l'équarrisseur est appelé loin de chez lui par d'autres intérêts, alors, entourés de cadavres, en proie aux douleurs de la faim et de la soif, exposés à toutes les intempéries, ces malheureux animaux attendent qu'il plaise à leur bourreau de mettre fin à une existence utile à tous, excepté à eux-mêmes.

Parcourez les campagnes, visitez les écuries des éleveurs, vous serez frappés de cette inconcevable fatalité qui, chez nous, s'attache à l'homme et le tient écarté de la route tracée par la Providence.

Dans le Bessin, dit notre honorable collègue M. le marquis de Faudoas, on remarque, aujourd'hui, que les avortements sont beaucoup plus fréquents qu'autrefois, parce que les propriétaires exigent de leurs juments un travail au-dessus de leurs forces.

Ouvrez les livres sur les haras, ceux qui s'occupent d'élevage, tous s'accordent à dire que l'habitude de traiter les animaux avec dureté exerce la plus fâcheuse influence sur leur développement.

Si battre les animaux paraît être une nécessité à la grande majorité des gens des villes et des campagnes, quelles raisons peuvent assigner certains d'entre eux, à un amusement dont rien n'excuse la férocité? Nous voulons parler des douleurs atroces, du supplice infligé à l'un des animaux les plus innocents, qui devient, pour ces êtres brutes et malfaisants, un jeu, une réjouissance impatiemment attendue.

Approchez-vous — un jour de fête — de ce groupe composé d'hommes : armés de bâtons, ils fixent devant eux, à une certaine distance, une oie pendue par le cou. — Un prix attend celui dont le bâton, lancé avec précision, achèvera de décoller l'animal ; mais que de contusions, que de meurtrissures avant d'en arriver là? Chaque coup qui porte provoque de bruyantes acclamations ; on bat des mains, on éprouve du plaisir à la vue du mal, en attendant qu'une autre scène, conséquence naturelle de ces pratiques barbares, vienne compléter les amusements de la journée.

Vous pensez bien que de semblables jeux ne s'exécutent pas sans de copieuses libations ; le mouvement, la boisson, excitent les hommes ; on se prend de mots, on se querelle, et on finit par tourner contre son semblable le bâton destiné à briser le corps d'une oie.

Le bruit de la mêlée attire sur les lieux, parents et amis ; la mère défend son fils, la sœur son frère ; celui-ci prend parti pour celui-là, et l'autorité de compter les morts et les blessés pour du tout dresser procès-verbal. — Hélas ! que n'est-elle intervenue plus tôt, elle aurait prévenu ces désastres.

II.

Nous nous sommes, jusqu'ici, particulièrement occupés des chevaux ; nous avons montré ce qu'ils sont dans la main de l'homme, et ce qu'est l'homme chargé de les conduire.

Recherchons si les autres animaux qui nous donnent la nourriture et le vêtement se trouvent placés dans des conditions meilleures.

Cette fois, peut-être, n'aurons-nous point à gémir sur un mode d'exploitation aussi contraire au bon sens et aussi déplorable.

Dieu créa les espèces animales domestiques pour les besoins de l'homme. Notre premier devoir devrait donc être de veiller à leur conservation et à leur amélioration, afin d'y trouver un aliment sain et d'en obtenir des produits variés, riches et abondants. Supposez, un instant, que méconnaissant cette loi, nous fassions précisément le contraire.

Des animaux surchargés de travail sont complétement négligés, mal logés et plus mal nourris. Quelle est la conséquence forcée de cet état de choses? Dépérissement des individus.

Les individus se trouvant détériorés, voici ce qui arrive : diminution de la qualité et de la quantité des produits; naissance d'animaux grêles qui disparaissent bientôt pour faire place à d'autres plus rares et plus grêles encore. Or, on sait que des animaux chétifs sont plus disposés que d'autres aux maladies, et ces maladies sont plus tenaces et plus meurtrières.

Mais la plus fâcheuse des conséquences est celle-ci : l'homme dans ce milieu manque d'une alimentation suffisante, de bonne qualité; il se nourrit moins bien, et tout son être, sa demeure et ses alentours portent un cachet de misère qu'on ne peut nier.

Avec du bétail détérioré, en petit nombre, la culture devient chaque jour plus mauvaise, et le pays voit diminuer sa richesse et sa population. Puis, des ruines et des ronces disent au voyageur que l'homme, dans cette contrée, a méconnu l'une des lois primordiales de la création.

Etablissons l'inverse :

Les troupeaux sont en grand nombre et dans un état florissant; leurs produits en lait, viande, laine et cuirs offrent au laboureur des aliments sains, abondants, et une source de richesses.

Les champs sont bien cultivés; chaque année voit ajouter un perfectionnement à ceux de l'année qui s'est écoulée; des masses d'engrais assurent une plus grande fertilité, et partout la terre se couvre de précieuses moissons.

La population est nombreuse et belle; le bonheur et la joie se peignent sur tous les visages; les chaumières font place à des habitations larges, salubres et commodes.

Peu ou point de pauvres, ici. La mendicité, cette lèpre du corps social, y est inconnue; tout le monde travaille et tout le monde se livre au plaisir.

L'aisance, dans les familles, les fait grandir et multiplier; le père veut, pour ses enfants, plus d'instruction qu'il n'en a reçu lui-même; les lumières se répandent; puis richesses du sol, population, instruction, viennent augmenter la prospérité de la nation, sa force et sa puissance intellectuelle.

Aussi a-t-on dit, avec raison, que la nation dont le territoire se couvre chaque année de riches moissons, peut être plus puissante que celle dont les flottes sillonnent orgueilleusement les mers.

Permettez-moi de rappeler ici le mot du docteur Quesnay à Louis XV :

« Pauvres paysans, pauvre royaume; pauvre royaume, pauvres paysans. »

Puisque les animaux sont nos auxiliaires et nos pourvoyeurs, puisque du nombre et de la santé des troupeaux dépendent notre bien-être et notre santé, savons-nous, partout et toujours, les entourer des soins nécessaires?

Hélas ! cette fois encore, l'homme a méconnu ses propres intérêts ; il s'est montré un tyran souvent stupide et parfois insensé.

Il se nourrit de viande et de lait, et fait tout pour que la viande et le lait lui deviennent malfaisants.

Dans un très-grand nombre de localités, les troupeaux sont entourés d'éléments destructeurs. Ici, ils habitent des étables basses, sans air, presque toujours infectées des miasmes des fumiers que l'on n'extrait que tous les trois ou quatre mois, tous les ans même.

Là, ils sont tassés les uns contre les autres et restent sur place, sans sortir, pendant tout un hiver.

Mal ou insuffisamment nourris, on les laisse couverts d'ordures ; la vermine les ronge, une mortalité sévit sur les jeunes comme sur les vieux animaux, et quand, enfin, des cadavres jonchent les abords de son habitation, l'homme s'étonne et pleure ; sa famille pleure avec lui, et dans leur aveuglement, ils osent accuser la Providence d'un mal que leur ignorance seule a fait naître.

N'allez pas croire que ces habitudes qui dans bien des localités présentent un caractère superstitieux, se rencontrent seulement dans les campagnes les plus isolées et chez les gens les moins instruits, on les retrouve autour de la capitale et dans la capitale même.

Visitez un de ces marchés destinés à la vente du bétail, vous serez affligés des désordres volontaires et des pratiques dangereuses qui s'y perpétuent. — Au même jour, à la même heure, on expose des vaches saines avec des vaches atteintes de maladies contagieuses. L'avidité, la soif du gain multiplient des combinaisons contre lesquelles nous devons nous élever.

Beaucoup d'acheteurs recherchent les vaches laitières. Comme aucun signe extérieur ne peut indiquer la quantité de lait qu'une vache mise en vente peut donner chaque jour, les vendeurs ont eu l'idée de présenter leurs vaches avec les pis comprimés au moyen de fortes ligatures. — Les mamelles enflent et deviennent volumineuses.

Si ces ligatures permettent d'évaluer, dans quelques cas, la quantité précise de lait que la vache peut fournir en 24 heures, souvent aussi ce moyen est inefficace, disons même qu'il favorise la tromperie, car ces ligatures peuvent dater de plusieurs jours.

Alors les mamelles s'enflamment, la fièvre se développe, et la vache qui aurait pu longtemps fournir un lait de bonne qualité, meurt avant l'âge d'une maladie qu'enfante la cupidité.

Maltraiter une vache lorsque, indépendamment de son lait, de sa chair et de sa dépouille si utile à tant d'industries, nous lui devons encore le préservatif contre la petite vérole, c'est, avec un aveuglement coupable, marcher contre ses plus chers intérêts.

Mais c'est dans le sein de la capitale que le génie du mal semble avoir voulu pousser l'homme aux plus incroyables abus.

Dix mille vaches environ fournissent à la population de Paris une grande partie du lait qu'elle consomme journellement.

La première pensée qui se présente, c'est que des animaux aussi utiles sont l'objet de soins particuliers, que leurs étables sont propres, spacieuses, qu'un air pur y circule appelé par une ventilation intelligente ; que chaque jour, un exercice suffisant permet de maintenir l'équilibre de leurs fonctions vitales, et qu'enfin les nourrisseurs, jaloux de les conserver, en écartent avec un soin minutieux, toute influence nuisible. — Encore une déception !

Ces étables ressemblent à des prisons étroites où on laisse à peine entrer un rayon de lumière. — La chaleur et une odeur ammoniacale prononcée y suffoquent toute personne étrangère à ces établissements.

Pénétrez-vous dans l'intérieur de ces cloaques, vous enfoncez dans le fumier jusqu'à mi-jambes.

Une vache qui appartient à un nourrisseur ne sort jamais de l'étable ; elle est fixée à la même place entre deux autres victimes dans un espace de terrain le plus limité possible, recevant d'elles et leur renvoyant un air altéré déjà par des émanations extérieures.

Peut-on supposer que l'absence d'exercice, que l'influence de localités basses, peu ou mal aérées, soient favorables à la conservation des animaux ? Si des doutes existaient, l'observation les détruirait bientôt.

C'est donc d'un animal placé dans ce milieu délétère que nous extrayons une substance pour un usage de tous les jours. — Or, il faut qu'on le sache bien : il n'est point d'animaux plus fréquemment malades et plus sujets à des affections graves que les vaches des nourrisseurs. — Si vous joignez à cela que les vacheries ne sont soumises à aucun contrôle, vous serez effrayés des inconvénients qu'elles offrent.

Je n'ai jamais pu me rendre raison de ce singulier contraste : lorsque nous recourons à une nourrice étrangère pour allaiter un enfant, nous la voulons saine d'esprit et de corps, jeune, enjouée, d'une belle carnation. — Notre sollicitude s'étend même jusqu'à nous enquérir des qualités physiques et morales des parents, afin de nous assurer qu'elle est exempte de toute maladie héréditaire.

Toutes ces investigations ne nous suffisent pas; nous en appelons encore à un médecin qui examine au microscope le lait de cette nourrice que nous plaçons enfin dans les conditions les plus favorables.

Certes, personne ne désapprouvera ces mesures et ces précautions, car on sait qu'avec le lait, les enfants peuvent sucer le germe de graves maladies ; mais ce qui a droit de nous étonner, c'est ce laisser-aller, cette négligence dont on fait preuve à l'endroit de cette autre grande nourrice qui alimente peut-être deux cent mille enfants.

Vous vous montrez extrêmement sévères lorsqu'il s'agit de confier votre enfant à une femme, et vous lui donnez sans crainte le lait fourni par une vache dont l'organisme est empoisonné.

Les vaches des nourrisseurs exploitées avec autant de barbarie que d'ignorance vivent peu en général, ce qui oblige à renouveler fréquemment les vacheries; mais voyons ce que deviennent les vaches malades.

On pourrait penser que le nourrisseur, coupable d'entretenir une source où nous puisons des éléments de maladies, trouve son châtiment dans la mort de ses animaux ; eh bien ! il n'en est pas ainsi : c'est nous et nous seulement qui l'indemnisons de ses pertes.

Presque jamais les vaches ne meurent dans l'étable du nourrisseur. — Quand la maladie dont elles sont atteintes paraît incurable, et rarement elle offre un caractère différent, le propriétaire les vend, puis elles entrent dans un abattoir, et leur chair malsaine va servir à l'alimentation de l'homme.

Ainsi : lait et viande de mauvaise nature par le fait des nourrisseurs, livrés chaque jour à la consommation du public, voilà ce qu'il était utile de constater.

Quittons les étables des nourrisseurs, et plaçons-nous sur les marchés destinés à la vente des veaux. Quels usages ! quelles déceptions ! ni l'âge, ni la destination des animaux n'influent sur une habitude prise.

Sur ces marchés, nous ne rencontrons que des animaux de boucherie dont la chair est souvent prescrite aux malades, aux convalescents, ce qui suppose l'exclusion de toute altération morbide.

Cette condition pouvait être facilement obtenue. S'agissait-il du transport ? Les veaux ne pouvant supporter une marche ni longue ni rapide, il paraissait tout naturel qu'on les plaçât debout dans des voitures spéciales où, pendant un trajet souvent long, ils recevraient les aliments et l'eau dont ils ont besoin. N'est-ce pas ce qu'il fallait faire, ce qu'on devait espérer ? Mais non ! Cette fois encore, il a fallu qu'on s'éloignât d'une ligne tracée par le bon sens pour inventer des tortures, complément du système absurde généralement adopté.

Dans les charrettes qui les transportent comme sur les dalles des marchés, les veaux sont étroitement liés par les quatre pieds. Pendant la route, ils sont placés de manière à ce que la tête se trouve renversée, le col fortement tendu. Garrottés, pressés, empilés, hors d'état de pouvoir faire aucun mouvement, ils subissent cette incroyable torture pendant des trajets souvent fort longs, ne recevant que de l'eau salée pour toute nourriture.

La pression douloureuse causée par les liens, la faim, la soif, la chaleur ou l'humidité, les cahots de la voiture tourmentent horriblement ces animaux : les membres s'engorgent, deviennent douloureux ; le sang se porte à la tête, les yeux se gonflent ; la fièvre s'allume, le sang s'altère, et avec lui, sans doute, la viande et toute l'organisation.

Encore, si à l'arrivée des transports on déliait les veaux, peut-être diminuerait-on la somme du mal ; mais les hommes intéressés dans ce commerce ne veulent pas comprendre qu'il puisse en être autrement, et ces funestes coutumes continuent d'exister par la seule raison qu'elles existent.

J'ai vu arriver dans les abattoirs, des veaux affectés, aux extrémités, d'engorgements considérés comme gangréneux, et cependant être dépécés et vendus comme viande saine.

Ne sait-on pas, cependant, qu'une fatigue extrême occasionne, chez tous les animaux, des maladies qui, en altérant le sang et la viande, communiquent à l'homme ces mêmes maladies ou d'autres affections également dangereuses ? Combien de bœufs tombent malades du charbon dans les abattoirs, parce qu'ils ont été surmenés !

III.

Terminons cet exposé, et demandons si le rôle que remplit, actuellement, l'homme vis-à-vis les animaux, lui est commandé par les lois naturelles ou par celles de sa propre conservation.

Si nous suivons l'ordre de la création, nous voyons l'homme le dernier formé.

Jeté nu sur la terre, on dirait, au premier abord, qu'il n'a été créé que pour devenir la proie des bêtes féroces ; et cependant, cet être si faible va commander à l'univers. Ses armes et sa puissance, il les trouve dans son intelligence.

Maître du monde, il prospéra, mais à la condition de conserver et de multiplier les espèces animales que Dieu créa pour lui et avant lui.

D'où vient donc ce dérangement d'un ordre de choses qu'un sentiment naturel de conservation paraissait devoir rendre inviolable ? L'homme n'a-t-il donc plus besoin des animaux ? Chaque jour nous prouve le contraire.

Par orgueil, dédaigne-t-il de s'en occuper ?

Orgueil ou ignorance, il en est le premier puni.

Privé des animaux, l'homme périrait ; sans eux, ce monde et cette société dont nous sommes si fiers ne seraient plus qu'une vaste ruine.

Non ! Le règne de l'homme ne peut être un règne de barbarie. Dieu a tout créé avec amour et nous a donné l'intelligence pour répandre autour de nous la vie et le bonheur.

Admettre que l'homme ne peut être roi de la nature animée qu'en persistant dans le système que nous déplorons, serait un contre-sens, une absurdité, un blasphème. Sa haute intelligence lui donne le pouvoir de modifier, de perfectionner, à volonté, les races d'animaux qui partagent avec lui l'usufruit viager de ce monde ; elle saura conserver les races jugées nécessaires par le créateur pour l'harmonie de l'univers.

Vous ne trouverez ni dans les lois de la création, ni dans les lois humaines, rien qui autorise les mauvais traitements envers les animaux. Les sévices exercés sur eux sont autant de condamnations et contre les individus qui les commettent et contre la société qui les tolère.

Il n'est, pour les absoudre, aucune raison plausible, aucun motif fondé.

Envisagez les intérêts privés ou les intérêts généraux de la société, vous apercevrez toujours dans le maintien de ces usages une aberration de l'esprit qu'il importe de faire cesser.

Et de quel droit frappons-nous les animaux, nous qui ne pouvons vivre sans eux ? Est-ce l'animal qui nous donne l'exemple de la cruauté ? Nous, dont l'existence est si frêle, qui avons tant besoin des animaux, nous allons accabler de coups ces êtres à la vie desquels notre vie est attachée ! Quel rôle ! ou plutôt quelle folie !

Qu'a donc fait ce cheval pour que nous le fassions mourir à force de mauvais traitements ? refuse-t-il de courir, de sauter, d'aller à la guerre, à la chasse ?

« Le cheval, dit Buffon, est une créature qui renonce à son être pour n'exister que par la volonté d'un autre, qui sait même la prévenir, qui, par la promptitude et la précision de ses mouvements, l'exprime et l'exécute, qui sent autant qu'on le désire, qui se livrant sans réserve, ne se refuse à rien, sert de toutes ses forces, s'excède et même meurt pour mieux obéir. »

Surmenés, maltraités ou surchargés, les animaux souffrent, et les souffrances qu'ils éprouvent altèrent leur santé.

Voilà donc des animaux exposés à ne rendre qu'une très-petite partie des services qu'on pouvait en attendre, sujets à une foule de maladies graves et à mourir avant le terme fixé par la nature. Comment envisager ces conséquences, ces calamités, toutes ces pertes ?

Faut-il que laissant chacun arbitre de la destinée des animaux qu'il possède, la société se fasse une loi de ne jamais intervenir? Supposons, un instant, qu'il en soit ainsi.

Nous voilà donc condamnés à perdre, chaque année, une grande partie des animaux utiles à l'agriculture, seulement parce qu'il plaît à l'homme de les maltraiter.

Et de ce que ces animaux s'en vont, il nous faudra voir les cantons s'appauvrir et la richesse nationale diminuer.

En acceptant ce principe, nous nous condamnons à perpétuer, sous nos yeux, ces scènes déchirantes où des êtres créés par Dieu, pour secourir l'homme, sont impitoyablement traités par l'homme lui-même.

Mais là ne se borne pas l'effet de ces actes : c'est en présence du peuple, c'est en présence des enfants que ces violences ont lieu, et le peuple et les enfants y puisent des leçons terribles qui endurcissent leur âme et qui influeront peut-être sur leur destinée.

Puis, pensez-vous que livrés sans frein à des brutalités incessantes, ces hommes soient toujours bons citoyens, bons pères de famille?

Non! Tel qui maltraite les animaux ne craindra peut-être pas de maltraiter sa femme et ses enfants.

Un homme habitué à ces excès, n'écoute plus la voix de l'équité, son cœur est fermé à tout sentiment d'humanité. Ivre de colère, il s'enivre encore de boisson, et dans un état constant d'ivresse, il devient dangereux.

En acceptant ce principe, ce serait donc acquiescer au maintien d'une vaste école de démoralisation, car l'enfance, comme vous le savez, est portée à l'imitation.

L'imitation constitue, en bonne partie, notre manière d'être. Volney raconte que dans les temps où la guillotine était en permanence, on a vu des enfants imiter ce terrible instrument de mort et guillotiner des chiens et des oiseaux.

L'imitation, dit Platon, modifie l'âme au point de la plier insensiblement à des habitudes qui l'embellissent ou la défigurent. « Je trouve, écrit Montaigne (1) que nos plus grands vices prennent leur pli dès notre plus tendre enfance et que notre principal gouvernement est entre les mains des nourrices. C'est passe-temps aux mères de voir un enfant tordre le cou à un poulet et s'ébattre à blesser un chien ou un chat. »

L'homme qui dans son enfance s'amuse à torturer des animaux se prépare, peut-être, à devenir un grand criminel.

L'histoire de tous les temps, de tous les peuples le prouve assez.

L'empereur Domitien qui vivait dans le premier siècle de l'ère chrétienne, tyran cruel et inhumain, s'amusait, dès son enfance, à exercer sa cruauté sur des animaux (2).

Le prince Don Carlos (3) qui fit une tentative d'assassinat sur la personne de son père Philippe II, et qui maltraita tant de monde avec une cruauté indigne, prenait plaisir, dans son enfance, à maltraiter et à mutiler des animaux. Tout enfant, il écartelait et massacrait impitoyablement de

(1) Liv. 4, ch. XXII, p. 213.
(2) Histoire universelle.
(3) Gallioz, *Histoire de l'inquisition espagnole,* tome II, p. 459.

jeunes lapins, et plus longtemps ils souffraient, plus sa joie était grande.

Les protestants disaient de Charles IX : « On l'a exercé de bonne heure à verser le sang des animaux pour l'accoutumer à verser, sans pitié, celui des hommes. »

Autre observation.

IV.

Dans le nombre des maladies que font naître les mauvais traitements, il en est qui se communiquent à l'homme : telles sont la morve, le charbon, etc., complication qu'il était utile de noter.

Des animaux qui souffrent peuvent devenir enragés, les exemples suivants le prouvent.

Un chien attelé à une charrette tomba anéanti de soif et de fatigue. Le bourreau qui le conduisait se mit à le battre sans pitié, et après l'avoir éreinté, le croyant mort, il le détela et emmena lui-même la charrette. Le chien se releva cependant, mais il était enragé, et mordit dans le village de Lochnitz bon nombre de personnes et de chiens (1).

J'ai vu, en Egypte, un chien de race européenne devenu enragé par suite des souffrances qu'il ressentait d'un os qui n'avait pu franchir la partie supérieure de l'œsophage.

Frappez, sans raison, un animal, il devient méchant, rétif et se ruera sur son maître qu'il massacrera. Il n'est aucun de nous qui ne puisse apporter des preuves à l'appui de cette assertion.

Du gibier forcé à la course peut devenir un poison pour celui qui s'en nourrit. Des volatiles irrités peuvent faire des blessures mortelles : témoins ce canard cité par Lecat, et ce coq et cette cigogne dont les morsures occasionnèrent la mort des enfants qui les avaient tourmentés.

La consécration du principe dont il est question nous forcerait donc aussi à user de viandes altérées et de lait empoisonné !

Oh, non ! de quelque manière qu'on envisage la question, quelles que soient les sophismes dont on l'entoure, ce principe n'est point admissible, la société doit intervenir.

Les animaux domestiques font partie de la richesse publique, donc quiconque les tare, les blesse, les détériore, ou les fait mourir avant l'âge et sans nécessité, porte atteinte à la richesse nationale, à la santé publique.

Sous l'influence de traitements doux, au contraire, la durée de la vie augmente, on obtient plus de services, plus de produits, et il est incontestable que le nombre des maladies décroît. Ce fait se produit partout où cette maxime est devenue une règle de conduite : en Angleterre, en Allemagne et surtout en Orient.

Les intérêts moraux et matériels du pays repoussent donc formellement l'ordre de choses actuel et en réclament un autre basé sur la justice et des droits méconnus.

Ces préceptes ne sont pas nouveaux, nous les trouvons dans des traditions fort anciennes, enseignés par les Pères de l'Eglise et par les philosophes des temps modernes.

« Sois humain envers l'animal qui te seconde dans tes travaux, disaient

____

(1) Société de Munich.

les docteurs d'Israël : modère sa charge , adoucis son labeur, calme ses souffrances; n'oublie pas qu'il t'alimente, te défend, te rend des services journaliers , et que ce fidèle serviteur doit avoir sa part au bien qu'il te procure, et a des droits à ta bienveillance. »

« Avez-vous des troupeaux ? — dit le livre de l'Ecclésiastique. — Ayez en soin, et s'ils vous sont utiles, qu'ils demeurent toujours chez vous. »

Les anciens Égyptiens, prêtres et médecins, étendaient également leurs soins sur toutes les classes. Leur attention se portait même sur tous les animaux, conséquence logique de la transmission des âmes, dont le but politique avait été d'étendre la piété sur tous les êtres animés (1).

« Tout ce qui est sous le ciel , dit Charron (2), court même fortune. Au reste, ajoute-t-il, il faut se souvenir qu'il y a quelque commerce entre les bêtes et nous , ne fût-ce que parce qu'elles sont à un même maître et de même famille que nous. Il est indigne d'user de cruautés envers elles ; nous devons la justice aux hommes, la grâce et la bénignité envers les autres créatures qui en sont capables. »

Les Quakers considèrent les animaux comme des créatures de Dieu auxquelles il faut accorder cette pitié et cette protection que le fort ne peut refuser aux faibles. D'après cette opinion, les Quakers se font des devoirs envers les animaux; ils veulent que toujours on se rappelle que cette espèce différente de la nôtre a cependant la même origine, que Dieu l'a donnée dans sa prévoyante bonté; que nous pouvons user de ce bienfait, mais ne pas méconnaître le but du Créateur, en tourmentant sa créature et en troublant l'harmonie de la nature.

« L'homme appelé par la prééminence de ses facultés à dominer sur tous les êtres terrestres, dit Charles Bonnet (3), ne violera pas les lois fondamentales de son empire; il respectera les droits et priviléges de chaque être; il fera du bien à tous, quand il ne sera pas forcé de faire du mal à aucun; il ne sera jamais tyran, il sera toujours monarque.

» Le sceptre dominateur des êtres terrestres sera donc un sceptre de justice et d'équité. Il exercera en monarque son droit de vie et de mort sur les animaux; il ne les fera pas mourir sans raison, et abrégera leurs souffrances quand il sera obligé de les immoler à ses besoins, à sa sûreté , à son instruction. Humain et bienfaisant par principe, autant que par sentiment, il adoucira leur servitude, modérera leur travail, soulagera leurs maux, et n'endurcira jamais son cœur à la voix de la compassion. »

Ballanches, à son tour , s'exprime ainsi : « Le progrès, pour les animaux, est dans l'approche de l'influence de l'homme ; mais, auparavant, il faut que l'homme cesse d'être tyran des espèces domestiques. L'homme , par sa nature de créature intelligente et libre, ne peut être confondu ; elle absorbe sans être absorbée. Toujours est-il que, les animaux partagent incontestablement, avec l'homme, le fardeau du mal. Il est facile même de voir que c'est pour l'alléger d'autant ; ils sont donc réellement nos compagnons. D'après la Genèse, les animaux ont été condamnés avec l'homme ; il y a donc solidarité passive, une sorte de communauté et de destinée. »

---

(1) Verninac, *Voyage de Louqsor.*
(2) *Livre de la Sagesse.*
(3) *Palingénésie sociale*, troisième partie, p. 394.

« Les bêtes farouches, dit saint Augustin, deviennent bonnes étant apprivoisées, et font connaître leur bonté par la douceur de leurs actions; car Dieu nous a donné ce précepte : Faites toujours vos actions avec douceur, et vous serez aimés de tout le monde. »

Le peuple chinois nous fournit un exemple frappant de sa commisération envers les animaux. Dans le règlement de guerre avec les Anglais, en 1840, et publié par les Chinois, on lit au neuvième paragraphe : « Les chevaux et les chameaux appartenant à l'armée doivent être traités avec affection et tendresse.»

Une objection nous a été faite, nous devons y répondre. — On ne peut, nous dit-on , utiliser les animaux domestiques, sans recourir aux traitements que vous désirez supprimer.

C'est une erreur. En Hollande, jamais on ne bat les animaux, et les animaux néanmoins y exécutent parfaitement les travaux auxquels on les soumet.

« Les habitants des campagnes , dit André Thouin (1), aiment passionnément leurs chevaux, il les font manger à la main; ce sont leurs meilleurs et leurs plus sûrs amis; aussi ne les veulent-ils laisser conduire par personne, et ne les quittent-ils jamais. Ces animaux semblent connaître l'attachement que leur portent leurs maîtres; ils répondent à leurs caresses, *ils n'ont pas besoin d'être frappés* pour travailler avec vigueur, ils supportent patiemment la fatigue et la peine. »

De même en Orient, comme aujourd'hui en Angleterre, en Flandre et en Allemagne. Quel contraste avec ce qui se passe dans notre pays! Aussi, M. Destutt de Tracy a-t-il dit, avec raison : « Qu'un cheval fait souvent plus de réflexion pour obéir à son conducteur, que celui-ci n'en fait pour le mener. »

Ces considérations terminées, voyons comment la Société doit intervenir.

V.

Les Anglais et les Allemands , étonnés des mécomptes qu'ils rencontraient, ont mis fin à des sévices que des peuples moins civilisés avaient réprouvés depuis longtemps : ils ont actuellement des lois qui protégent les animaux.

Avant l'Angleterre et l'Allemagne, la France avait déjà compris tout le bien que devait amener la suppression de ces usages; mais il semble que nous soyons condamnés à ne réaliser nos propres idées, qu'après les avoir vu mettre en pratique par des peuples voisins.

L'idée de traiter avec douceur les animaux domestiques avait déjà fait tant de prosélytes en France, que le 17 messidor an X de la république on posa, pour sujet d'un prix à décerner en vendémiaire an XII, cette question :

Jusqu'à quel point les traitements barbares exercés sur les animaux intéressent-ils la morale publique, et conviendrait-il de faire des lois à cet égard ? »

Une autre objection nous a été faite, la voici :

Ce qui est praticable en Allemagne et en Angleterre ne l'est peut-être

(1) *Voyage en Hollande.*

pas en France. Les Anglais et les Allemands ont pour les lois de leurs pays un très-grand respect; il les acceptent sans mot dire, tandis qu'en général, le peuple français oppose volontiers de la résistance à ce qu'il ne connaît pas assez, ou à ce qui est contraire à sa manière de voir, quoique dans ses intérêts.

Quand on parle au nom de la loi, l'Anglais et l'Allemand baissent la tête; le Français, au contraire, réagit; il est indocile et s'irrite facilement. Je suis libre, dit-il, et dans une attitude menaçante, c'est sa liberté qu'il invoque à tout propos et qu'il croit compromise.

Créatures sans intelligence, les animaux sont ma propriété ; j'en use à mon gré, et ne reconnais à personne le droit de régler ma conduite envers eux.

Oui, sans doute , vous êtes libre; est-ce que la liberté vous donne le droit :

D'attenter impunément à la santé publique?

De travailler contre l'éducation du peuple ?

De vous opposer au développement de la fortune publique?

Est-ce que la liberté vous commande d'user d'instruments qui peuvent blesser votre prochain?

Vous êtes aussi le maître de cette maison, et pourtant, vous n'avez pas le droit d'y mettre le feu.

L'intérêt général impose donc des restrictions que tout le monde comprendra.

Devons-nous maintenant, chercher à démontrer que tous ces animaux qui savent avant d'avoir appris, que toutes ces créatures que conduit la main de Dieu sont sans intelligence? Ce serait répéter ce que nous savons tous, et ce que la vanité seule refuse de reconnaître. — Un fait seulement.

La caverne de St- Pierre, près Maestricht, formant environ 120,000 galeries ou rues , a souvent été le tombeau d'imprudents curieux, malgré toutes les précautions prises à l'avance pour retrouver leur chemin. — Un moine d'un couvent voisin, muni de ficelles pour s'en servir apparemment comme du fil d'Ariane, ne revit jamais la lumière.

La dernière victime dont on ait retrouvé le cadavre est un bourgeois qui, en 1814, y descendit pour mettre son trésor en sûreté contre la rapacité des Cosaques.

Les ouvriers, eux, s'en rapportent à l'intelligence de leurs chevaux auxquels ils attachent, en entrant, une lanterne au col. Et cet être que l'homme traite comme une chose et sans pitié, tout en lui confiant sa vie, plus sagace que son maître, ne se trompe jamais de route dans ce labyrinthe inextricable.

Vante-toi donc de ta supériorité, toi qui es obligé de remettre ton sort à une bête de somme, et permets-toi, après cela, dans ton sot orgueil, de lui faire endurer mille tourments et de lui refuser un principe immatériel, lui qui te sert de flambeau dans ces routes ténébreuses où tes facultés intellectuelles sont insuffisantes pour te diriger.

Sans doute, il est sage de n'aborder qu'avec ménagement les préjugés du peuple, d'écarter tout ce qui ressemblerait à de l'arbitraire; mais quand de grands intérêts sont en souffrance, c'est un devoir d'y porter remède.

Sous l'empire de cette pensée, nous nous sommes constitués en Société ; nous avons fait un appel à tous : hommes, femmes et adolescents de toutes les classes. Notre appel fut entendu, ainsi qu'on peut s'en convaincre en jetant les regards sur la liste des adhérents.

La Société n'a pas seulement pour but de réprimer les sévices sur les animaux ; elle veut aussi récompenser les bonnes actions, signaler les hommes qui se distinguent par leur douceur envers les animaux, et contribuer à étendre l'aisance dans le peuple.

Nous ne nous faisons pas illusion sur la nature de la mission que nous nous sommes imposée ; nous aurons à vaincre bien des difficultés, sans doute, mais ces difficultés se sont également présentées dans les pays voisins, où pourtant les choses ont changé, grâce aux Sociétés protectrices des animaux.

Est-ce donc montrer trop de présomption que d'espérer les mêmes résultats chez nous ? Nous ne le pensons pas.

VI.

Deux sortes de moyens se présentent pour atteindre notre but : des moyens moraux et des moyens physiques.

Les premiers portent sur l'éducation du peuple.

On comprend déjà que dans cette œuvre civilisatrice, les ministres de la religion sont appelés à exercer une grande influence.

Dans les contrées où des Sociétés protectrices ont été organisées, le clergé s'est empressé de contribuer à la réforme projetée. Tous ses membres ont rivalisé de zèle, et soit du haut de la chaire ou dans leurs relations journalières avec les habitants, ils sont parvenus à déraciner des préjugés funestes à la Société. Sainte mission ! Sublime exemple ! que le clergé de France, nous aimons à le croire, revendiquera comme un des attributs essentiels et non distincts du christianisme.

Si en laissant tomber du haut de la chaire des paroles qui portent la lumière dans l'esprit de ses ouailles, le prêtre acquiert de nouveaux droits à notre reconnaissance, il est, dans les campagnes, d'autres hommes chargés, eux aussi, d'un ministère élevé, et dont le concours est précieux : ce sont les instituteurs primaires.

Humbles et modestes, trop souvent oubliés dans leurs villages, manquant parfois du nécessaire, on dédaigne le maître d'école, et c'est à lui cependant que nous confions cette multitude d'enfants, dont la première éducation sera peut-être le régulateur de toute leur vie.

Au lieu de la négliger, n'est-ce pas, au contraire, cette première éducation qu'il est urgent de surveiller, de diriger dans l'intérêt de la Société ?

Les impressions que nous recevrons dans l'enfance, sont celles qui se gravent le plus profondément dans notre esprit. On se souvient toujours de son premier instituteur, et malheur à l'homme, malheur à la société, si cette première éducation est faussée !

Les instituteurs primaires, s'ils sont le premier anneau de la grande chaîne de l'enseignement, doivent donc être l'objet d'une sollicitude incessante ; ils devraient posséder les premières notions d'agriculture, des principes d'hygiène, et surtout s'attacher à inculquer dans l'esprit de leurs élèves des sentiments de compassion, de pitié, de bienveillance envers les animaux. Soyez sûrs, qu'ainsi dirigée, cette institution rendrait d'éminents services.

Pour aider à la réalisation des vœux que nous émettons, la Société protectrice a décidé qu'elle ferait imprimer et distribuer un grand nombre d'exemplaires de petits ouvrages contenant des historiettes et des gravures sur les sujets dont elle s'occupe.

Pour opérer cette réforme, le concours de toutes les intelligences, de toutes les autorités, devient utile, soit comme puissance morale, soit comme agents du pouvoir exécutif.

La Société exprime donc le vœu que, sur la recommandation de M. le ministre de l'agriculture et du commerce, tous les comices agricoles, les sociétés d'agriculture, de médecine vétérinaire de la France, établissent avec elle des relations directes, pour répandre au plus tôt dans les provinces, et appuyer de leur influence les publications que la Société pourra faire.

Tels sont, avec le secours de la grande presse, les moyens moraux qu'elle signale à l'attention du gouvernement : ils constituent plutôt une action préparatoire qu'une mesure de répression applicable immédiatement.

Nous sollicitons du gouvernement l'emploi des moyens physiques suivants :

1º Défendre à tous propriétaires, conducteurs d'animaux de les surcharger, de se livrer sur eux à des traitements barbares, inutiles, que réprouve la morale publique et qui sont de nature à tarer les animaux soit en influant sur leur santé, soit en influant sur leur caractère.

2º Supprimer les fouets à fléau, les remplacer par un fouet à cravache, prescrire la grosseur du manche comme celle des montures ; exiger que le bois en soit cassant.

3º Établir dans les villes, comme cela se pratique dans les campagnes, des stations de chevaux de louage au bas des montées trop rapides, pour venir en aide aux attelages trop chargés.

4° Défendre de surmener les animaux de boucherie ; ne plus autoriser le mode actuel de transporter les veaux.

5º Obliger, enfin, les nourrisseurs à avoir des vacheries spacieuses, aérées, et soumettre ces établissements à un contrôle sévère.

Nous abordons un des points capitaux de la question.

On nous dit : comment défendre la continuation des pratiques que vous combattez, puisque chez nous la législation ne protége point les animaux ? Et en supposant que la législation ait prévu ce que vous souhaitez, suffit-il d'établir des lois pour corriger les mœurs ?

A ces observations, nous faisons cette réponse.

Vous trouverez étrange la proposition de placer les animaux domestiques sous la protection sacrée des lois humaines, et vous avez fait une loi pour la conservation des lièvres et des lapins. Personne, cependant, n'osera affirmer que les premiers ne soient pas plus utiles que les derniers.

Vous craignez, dites-vous, d'enlever aux conducteurs d'animaux des instruments dangereux pour les passants, et dans l'intérêt des passants, vous ne permettez pas au propriétaire d'une maison de placer des pots de fleurs sur ses fenêtres. Si un pot de fleurs, en tombant, peut tuer ou blesser un homme, on a vu des coups de fouet entraîner la perte d'un œil, et quelquefois même la mort d'un homme.

Si les lois ne font pas les mœurs, toujours est-il que sans les lois anglaises aujourd'hui existantes, on n'aurait jamais réprimé les sévices dont nous voulons également la suppression chez nous.

Si les mœurs doivent faire de bonnes lois, et donner de la vigueur à leur emploi, les lois, à leur tour, doivent protéger les bonnes mœurs et aider à détruire ou rectifier les mauvaises.

La loi est toujours bonne ; la crainte de recevoir un châtiment arrêtera l'homme qui allait se rendre coupable.

Appréhendez-vous une opposition trop tenace à la réforme de quelque coutume, comme par exemple celle du transport des animaux de boucherie ? Tournez la difficulté, déclarez que nul animal portant sur son corps des traces de violences ou de maladie ne sera reçu ni dans les marchés ni dans les abattoirs.

Mais, nous dira-t-on encore : une loi étant supposée exister, comment constater le sévice ?

Laissez faire, l'opinion publique vous vient en aide. Personne ne demandera la condamnation d'un homme qui aura donné un coup de fouet à un animal, mais tout le monde demandera que cet homme soit puni quand il aura fait preuve de brutalité envers un animal dans quelque circonstance que ce soit.

Ce que nous disons se passe à Paris toutes les fois qu'un homme exerce des cruautés sur les animaux. L'opinion publique réagit contre celui qui s'y livre et s'étonne que la législation soit muette à l'endroit des sévices.

Les plaintes que nous produisons se sont déjà fait entendre dans le sein du parlement même.

« Si je ne craignais pas de paraître sortir de la question, disait M. Lherbette dans la séance du 9 février dernier (1), je parlerais du lait provenant d'animaux entretenus dans des étables au sein des grandes villes où l'on ne devrait pas les tolérer, parce qu'il s'y développe, par le défaut d'exercice et d'air, des phthisies dont le germe se transmet par le lait aux consommateurs, et vous souffrez ces transports d'animaux dans des charrettes où, suppliciés pendant de longs trajets, ils offrent outre l'inconvénient de blesser l'humanité, celui de contracter des maladies. »

Le terrain est donc convenablement préparé pour recevoir la semence d'une réforme. Déjà l'administration, entraînée par la force de l'opinion, a essayé, sur une petite échelle, d'une ordonnance qui interdit aux cochers de remise, d'agiter leurs fouets, de les faire claquer et de maltraiter les chevaux (2); mais cette ordonnance ne porte que sur une fraction des conducteurs d'animaux, et ne comprend que la capitale. L'intervention d'une loi est donc chose indispensable au point de vue moral comme au point de vue des intérêts matériels. Nous l'appelons de toutes nos forces.

En résumé :

Propager, défendre les principes que nous venons d'exposer, c'est travailler à la moralisation du peuple, à la prospérité publique.

Les mauvais traitements envers les animaux abrègent leur existence, font développer des maladies graves dont quelques-unes se transmettent à l'homme.

---

(1) Il s'agissait de sophistications.
(2) Ordonnance de police, 5 octobre 1843.

Les mauvais traitements influent sur la qualité et sur la quantité des produits fournis par les animaux et dont nous faisons un usage journalier.

L'hygiène publique et la richesse nationale peuvent donc être compromises par ce seul fait.

En détruisant l'habitude des mauvais traitements, vous augmentez a longévité des animaux, le chiffre de leurs services, et vous élevez la qualité comme la quantité de leurs produits.

En gouvernant mieux nos troupeaux, nous aurons moins à craindre l'apparition de ces épizooties qui, dans l'espace du dernier demi-siècle seulement, ont enlevés à la France plus de deux milliards de valeurs.

Avec plus d'animaux domestiques le pays s'enrichit, l'agriculture devient florissante, et l'homme enfin, rentré dans une sphère d'action qui lui a été assignée par Dieu, reprend un rôle dont il n'aurait jamais dû se dessaisir, il devient le contre-maître de la création.

Paris, 23 octobre 1846.

Le bureau de la Société protectrice des animaux ayant à sa tête son digne président M. Pariset, a eu l'honneur d'être reçu le 9 novembre 1847, par M. le ministre de l'agriculture et du commerce.

M. le président a remis entre les mains de M. le ministre le travail qui lui avait été demandé relativement au but que la Société se propose d'atteindre, et notamment la traduction des statuts des diverses sociétés déjà établies chez nos voisins et des actes législatifs qu'elles ont provoqués. M. le ministre a bien voulu donner l'assurance qu'il lirait avec un vif intérêt le travail qui lui a été présenté, et il a réitéré son adhésion entière aux idées émises par la Société. Il a rappelé combien, dans sa pensée, il était urgent de s'occuper de l'éducation des gens chargés de la conduite des animaux :

« ... Je prends, a-t-il dit, l'engagement d'appuyer de tout » mon pouvoir l'œuvre que vous avez commencée et de vous » aider à la conduire à bonne fin s'il se peut. »

Une réception non moins bienveillante et tout aussi encourageante pour la Société, lui a été faite par l'honorable M. Paganel, conseiller d'État et directeur-général de l'agriculture et des haras. La Société pouvait d'avance espérer d'obtenir le concours de M. le directeur-général, puisque dans plusieurs circonstances, et dernièrement à l'occasion de la distribution des prix à l'école d'Alfort, il avait, dans une allocution chaleureuse, manifesté combien il lui paraissait important de songer sérieusement à améliorer le sort des animaux.

Lettre adressée par une dame à M. Hamont, secrétaire général de la
Société et lue par lui dans la séance du 23 octobre 1846.

Monsieur,

Je viens de prendre connaissance de quelques numéros de
l'*Union agricole* , en commençant par ceux de mai. Outre les
articles si attachants que j'y ai trouvé, articles qui ne peuvent
manquer d'arrêter l'attention des hommes jusqu'ici indiffé-
rents sur l'objet de vos travaux, j'ai relu plusieurs fois aussi le
rapport (n°ˢ 102 et 103) (1) par lequel vous faites comprendre
les nombreuses questions qui se rattachent à la principale,
celle de traiter plus humainement les animaux domestiques.

Le tableau hideux que vous tracez, monsieur, des laiteries
parisiennes est malheureusement trop exactement vrai. J'en
avais déjà visité plusieurs, et vainement j'avais adressé des
observations aux nourrisseurs sur *l'emprisonnement* de leurs
vaches. Non-seulement le laitage est salement tenu, mais encore la qualité en est altérée même dans le pis; ensuite il est
souvent baptisé avec l'eau malsaine des puits et frelaté de
vingt manières, avant d'être distribué aux consommateurs.
Aussi, c'est avec un dégoût extrême que les personnes qui ont
vu les belles vacheries des pays de bons pâturages, font usage
du lait qu'on vend à Paris ; il entre pourtant pour une
grande part dans l'alimentation des plus grands et des plus riches ménages, comme des plus petits et des plus pauvres.

Les débitants de lait devraient être soumis à une surveillance sévère ; votre journal provoquera sans doute cette indispensable inspection. Toutefois, pour être juste, je dois
reconnaître qu'il y a, à Paris, plus d'un nourrisseur dont les
étables sont bien tenues , et qui vendent le lait sans le sophis-
tiquer : malheureusement le nombre en est minime.

Toutes les fois qu'il s'est agi d'un intérêt général, j'ai eu lieu
de me convaincre que les gens de bien, sans se connaître, et
par conséquent sans pouvoir se communiquer leurs impressions et leurs vœux, sont pourtant mus, d'une manière analogue, par les faits qui doivent tôt ou tard amener des recti-
fications dans l'ordre de choses établi ; car du moment où une
voix puissante s'élève pour protester contre un abus, quel qu'il
soit, elle trouve des échos.

____

(1) Rapport de M. Hamont, à la Société de médecine vétérinaire et comparée,
séance du 23 mai 1846.

Une société libre étant un corps collectif, son appel a aussi une sonorité qui retentit au loin ; la Société dont vous faites partie , monsieur, éveillera des sympathies sur tous les points de la France, quand votre admirable entreprise sera plus généralement connue : il ne lui manque pas autre chose. Pourquoi les feuilles quotidiennes, qui vous *doivent* leur concours, n'intercaleraient-elles pas dans leurs colonnes, et de mois en mois, une réflexion , une pensée tirée de votre journal ? Si elles s'y décidaient, le nombre de vos adhérents s'accroîtrait considérablement.

Il est vrai, monsieur, que nos paysans ne lisent pas : néanmoins je voudrais que votre journal fût adressé à tous les maires villageois. Si parfois leur vocabulaire trop borné ne leur permettait pas de comprendre le vôtre, les maîtres d'école, les curés ou desservants pourraient le leur expliquer. Il ne faudrait, pour déterminer le clergé montagnard et les instituteurs à se charger de cet office, qu'un mot de leurs supérieurs. Si quelques évêques bienveillants, des préfets, ou encore mieux, MM. les ministres du culte et de l'instruction publique prononçaient ce mot, ils seraient aussitôt obéis, et une heureuse impulsion serait imprimée à la classe des laboureurs ; un pas immense serait fait dans l'intérêt des mœurs et du bien-être matériel de la population.

Est-il, je le demande, un seul prélat qui puisse ne pas être dominé par l'ardent désir de faire avancer ses diocésains dans l'ordre moral, et de contribuer à rendre leur existence plus douce et plus heureuse ? Quel ministre ne verrait pas avec satisfaction votre Société prendre la glorieuse initiative d'aplanir la voie pour arriver à des améliorations si essentielles ?

J'ai saisi l'occasion, en causant avec des physiologistes, de leur demander s'ils ne pourraient indiquer à nos bouchers un moyen d'abréger les tortures des animaux qu'ils tuent ; mais ces messieurs ont dédaigné de s'occuper d'une *chose fort insignifiante,* selon eux.

Cependant, si je suis bien informée, la mort est instantanée sous la main du boucher portugais qui attaque le cervelet de sa victime au lieu de l'égorger. C'est encore un sujet que vous traiterez, messieurs, avec le talent et les sentiments d'humanité qui vous distinguent si éminemment.

Tout en considérant les animaux comme agrégés à la grande

famille humaine, dans l'œuvre de la civilisation, je considérais aussi comme une impossibilité, pour les temps actuels, la formation d'une Société pour les protéger. Honneur donc à celui qui en a conçu la première idée, et à ceux qui l'ont aidé à la mettre à exécution ; je vous félicite tous d'avoir embrassé avec tant de zèle une cause trop longtemps oubliée. Votre exemple vous promet une multitude d'imitateurs ; ceux-ci par le besoin de jeter un bon grain dans le champ de l'avenir, ceux-là par amour de la nouveauté, tiendront à honneur de se faire appeler zoophiles. Les uns s'associeront chaleureusement à votre œuvre, les autres ne voudront que se mettre en évidence ; mais tous contribueront à vos succès.

Veuillez agréer, monsieur, etc.   **S. R.**

Lecture faite dans la séance du 25 décembre 1846, par le secrétaire général pour l'étranger. (Rapport de Munich.)

PIERRE UNTERSTELLER, ASSASSIN DE 15 ANS.

Les papiers publics nous ont appris la sentence rendue le 18 novembre dernier, par la cour d'assises de Zwei-Brücken, contre un jeune adolescent, Pierre Untersteller, âgé de 15 ans, accusé d'assassinat sur l'enfant du garde de nuit, la petite Barbara Lang, âgée de 4 ans.

Pierre lui avait porté quatre coups de couteau au cou, puis fait une blessure à la poitrine et une autre à la main ; mais n'ayant pu réussir à la tuer, et craignant d'être surpris, il emporta la pauvre petite dans une grange et la cacha sous un tas de paille, où elle fut retrouvée encore en vie le lendemain matin, en proie à la plus terrible agonie, que la mort vint heureusement terminer au bout de quelques instants.

L'interrogatoire donna lieu à des détails affreux. Le jeune misérable, Pierre Untersteller, voulant se donner *le plaisir de saigner cette enfant comme font les bouchers pour tuer un porc* (ce sont ses propres paroles), il la suspendit au croc d'une poulie, lui banda les yeux, lui mit un bâillon et procéda à l'horrible opération, sans s'émouvoir ni de gémissements, ni des contractions de l'innocente victime !

L'examen a constaté que l'enfant était sain et bien constitué ; la blessure principale avait, d'après la déclaration des médecins, une parfaite ressemblance avec celles faites par les bouchers pour *saigner* un cochon ; c'est-à-dire qu'il y avoit eu d'abord la grande entaille, et que l'instrument avait dû être introduit ensuite plus avant, avec sang-froid et pleine connaissance de cause. Le calme et la réflexion qui avaient guidé le jeune assassin dans l'accomplissement de son crime, ne le quittèrent pas. Il se rendit à l'école, à l'église, et dîna comme à l'ordinaire sans qu'on pût remarquer sur sa figure aucune trace de trouble. — Devant la justice, il montra la même insensibilité. Quoique si jeune encore, son extérieur portait déjà tous les caractères de l'homme endurci et dépravé.

Lorsqu'on lui demanda *s'il se repentait du crime qu'il venait de commettre*, il ne répondit que par un silence ironique et obstiné... Tout son individu avait quelque chose de si farouche, qu'à sa vue l'auditoire restait inaccessible même à ce sentiment de pitié qui plaide toujours en faveur de la jeunesse. On était saisi d'horreur en entendant ses réponses, car toutes prouvaient que, dans ce jeune cœur, il n'y avait eu d'autre sentiment que LA SOIF DU MEURTRE !

Quoique pleinement convaincu, Pierre Untersteller n'a été condamné qu'à vingt ans de travaux forcés, parce qu'il n'avait pas encore atteint sa seizième année. — D'après tous les renseignements pris sur lui, notamment chez le curé de la paroisse et chez les maîtres qui ont donné des leçons à Pierre depuis son enfance : « On a constaté, qu'avec une intelligence remarquable, il avait toujours montré un caractère farouche, audacieux, indomptable; QU'IL AIMAIT SURTOUT A TOURMENTER LES ANIMAUX qui lui tombaient sous la main, et que, probablement par suite de cette disposition fâcheuse, il témoignait depuis longtemps le désir d'embrasser *l'état de boucher*!

» Un jour que Pierre menait des bestiaux au pré, il remarqua un bœuf qui lui parut fort gros ; « *pour le faire maigrir,* » — ce sont encore ses paroles, — il le prit par la langue, et, la serrant fortement, il força ainsi l'animal à faire plusieurs tours dans la prairie...

» Peu de jours avant l'assassinat de la petite fille, on parlait, dans la maison de Pierre, d'un chien dont on voulait se défaire. Aussitôt on le vit, plein d'une joie féroce, s'emparer du chien et *s'exercer sur lui à tous les procédés de l'abattage! Il commença par l'étourdir d'un coup sur la tête ; puis, lui ayant fendu les jambes de derrière, il y passa un bâton au moyen duquel il le suspendit encore tout vivant ; mais comme il remuait trop, Pierre l'assomma à coups de bûche! Il prit alors un vieux rasoir qui lui servit à l'écorcher, puis il lui arracha les entrailles. Le tout avec une visible complaisance, et pour imiter*, disait-il, *le boucher qui tue un veau!*

» Lorsque, d'après les conclusions du jury, Pierre Untersteller fut condamné et son arrêt prononcé devant lui, le président lui adressa quelques paroles touchantes, pleines de force et de charité; tous les yeux se remplirent de larmes, le jeune condamné, seul, resta impassible !

» Cette triste narration, précédée de tant d'autres que je n'ai pas manqué de faire publier, vient prouver encore le danger qu'il y a à laisser les enfants s'amuser à tourmenter des animaux. Elle fera faire, je l'espère, des réflexions sérieuses à ceux qui doutent encore aujourd'hui de la portée morale de nos Sociétés.

» Ils sont donc bien coupables, les parents qui ne surveillant pas mieux leurs enfants ; et doublement coupables ceux qui, autorisant eux-mêmes des jeux de ce genre, ne trouvent jamais leurs enfants *plus aimables* que lorsqu'ils font de ces sortes *d'espiègleries!...*

» Assurément, dans l'opinion de ces personnes-là, il n'y a pas le moindre mal à laisser les enfants assister tranquillement aux souffrances ou bien à l'abattage d'un animal. A leurs yeux, rien n'est plus ridicule que toutes ces Sociétés qui se dressent, au nom de la morale, pour empêcher des choses si insignifiantes... et l'on ne saurait mieux faire que de les accabler de mépris et de sarcasmes!...   PERNER.

Lecture faite par M. le docteur Pariset, dans la séance
du 22 janvier 1847,

Dans une ville du midi de la France, à Perpignan, un jeune homme,
accusé de conspiration, fut arrêté et jeté entre deux gendarmes dans
une chaise de poste, qui prit sans plus de cérémonie le chemin de la
capitale.

Ce jeune homme avait un chien. Témoin de ce brusque enlèvement,
ce chien comprit que son maître était malheureux; et dans la tristesse
de la douleur, la tête pendante et les oreilles basses, il se mit à suivre la
voiture sans s'écarter ni à droite ni à gauche, et prenant soin de ne pas
se montrer à son maître, de peur de l'affliger.

Arrivée à Paris, la voiture allait droit à la Conciergerie. Là, les trois
voyageurs mirent pied à terre; et c'est alors que ne pouvant plus se cacher, et prenant une attitude de soumission, de condoléance et de
crainte, le chien vient en rampant flatter son maître.

À cette vue, saisi de surprise et d'attendrissement, le jeune homme
répondit aux caresses de son chien par les siennes; et il obtint du directeur de la prison que ce pauvre animal fût le compagnon de sa
captivité.

Trois mois se passent, pendant lesquels on instruit le procès. L'instruction terminée, vint le jour de l'audience; jour solennel où l'accusé
comparut devant les juges, suivi de ce compagnon fidèle, lequel alla
se blottir dans un coin près du mur, sous un banc où siégeaient les
auditeurs.

Les débats s'ouvrent. Les avocats parlent, et le défenseur du jeune
accusé fit entendre un langage si touchant et si persuasif, il fit ressortir
avec tant d'éclat l'innocence de son client, que le jeune accusé fut ab-
sous d'une voix unanime.

Transportés de joie, ses nombreux amis qui avaient suivi les débats,
se précipitent vers lui, le serrent sur leur cœur, le félicitent en le bai-
gnant de larmes, et vont sur-le-champ l'établir, loin de la prison, dans
un appartement qu'ils lui avaient préparé.

Cependant, avant de quitter la salle, le jeune acquitté s'enquiert de
son chien. Il l'appelle; le chien ne paraît pas. On le cherche partout,
pas de chien. La pauvre bête avait disparu. Qu'était-elle devenue?
Devinez.

De l'explosion de joie qu'avait fait éclater l'acquittement, le chien
avait conclu que son maître était hors de cause et n'avait plus rien à
craindre: et conduit lui-même par une joie intérieure qu'il ne peut
maîtriser, le voilà sur la route de Perpignan, marchant, trottant, courant jour et nuit, ne soutenant ses forces que par la nourriture que lui
offre le hasard et par quelques moments de repos; repos trop court,
mais encore trop longs pour son impatience; nourriture mauvaise,
mais assaisonnée, mais rendue exquise par l'image du bonheur qu'il
allait faire goûter à la famille de son maître, et qu'il allait goûter doublement lui-même.

Après une course de plus de cent heures, il découvre la ville, il court,
il se précipite, il arrive à la maison de son maître; il jappe, il aboie, il

gratte vivement à la porte. On s'étonne ; on ouvre ; il entre le cœur palpipant, les yeux étincelants de joie ; il s'élance à droite, à gauche ; il s'agite, il bondit, laissant échapper des gémissements ou plutôt des cris ; et, par les mouvements de tout son être, il semble dire à cette famille émue et charmée : « Réjouissez-vous ; il est sain et sauf. Il vient ; encore » quelques heures, et il sera au milieu de vous. » Deux jours après, en effet, la famille reçut des lettres qui lui annonçaient l'heureuse issue du procès, et le prochain retour de celui qui avait été l'objet d'une si longue et si cruelle inquiétude.

De Paris à Perpignan, on compte 240 lieues. Lorsqu'il faisait pour la seconde fois ce second trajet, que se passait-il dans le cerveau, je dirais mieux, dans l'âme de cet excellent chien ? Et pour ne point parler de cette force de mémoire qui lui fit retrouver exactement tous les lieux qui devaient le conduire à Perpignan, de quels tendres sentiments était-il occupé ? Et quelle suite de raisonnements ! « Mon maître est désormais » en sûreté. Je lui suis inutile. Ses amis le serviront mieux que je ne le » puis faire. Courons vite à ceux que l'incertitude de son sort tient de- » puis si longtemps dans des anxiétés mortelles. A la vivacité de ma joie, » ils jugeront quelle en est la cause : et je les verrai aussi heureux que je » le suis moi-même. Courons. » N'est-ce pas là le langage muet que se tenait ce pauvre animal ? N'est-ce pas là un prodige d'intelligence et de bonté ? Et ce prodige aurait-il parmi nous beaucoup d'imitateurs ? J'ai parlé de l'âme du chien. Un être si intelligent, si généreux et si dévoué, ne serait-il, en effet, qu'un pur automate ? Sensibilité, mémoire, jugement, affections si tendres, et volonté raisonnée, tant d'heureux dons ne seraient-ils que les résultats, ou les jeux d'un simple mécanisme ? De si belles qualités ne sont-elles pas au contraire dans les animaux comme dans nous-mêmes, l'apanage d'un principe intérieur qui meut les ressorts de la matière et n'est point matériel ; d'un principe, je ne dirai pas égal, mais semblable à notre âme ? Oui, de même, que pour la conservation de l'homme, Dieu a multiplié les productions de la terre ; de même, pour le mieux servir, Dieu a multiplié les âmes. Il en a donné à tous les animaux qui sont nos auxiliaires, et forment la plus solide partie de nos richesses. Chaque animal a ses aptitudes, ses mœurs, ses talents, ses vertus. Il n'en est pas un seul de qui l'on ne puisse dire, ce que dit de l'abeille le grand philosophe Virgile : Cultiver ce riche fonds d'intelligence et de morale, pour le rendre plus riche encore et plus parfait, n'est-ce pas un acte de religion digne de la Divinité même ? Peut-on mieux honorer Dieu, qu'en ménageant ses ouvrages ? Les négliger au contraire, les méconnaître, et à plus forte raison les détruire par un excès de barbarie, n'est-ce pas une impiété sacrilège ! L'homme féroce avec les animaux, l'est bientôt avec ses semblables. O homme ! souviens-toi que l'innocent animal qui te sert et te nourrit est sorti, comme toi, des mains du Créateur ; que tu n'es supérieur à lui que pour le protéger ; et que s'il est malheureux, c'est que tu es ingrat et cruel. Or, dans ce partage honteux que tu te fais à toi-même, ne rougis-tu pas de te mettre au-dessous de lui ?

Séance à l'Hôtel-de-Ville, du 22 janvier 1847.

(Rapport sur des publications étrangères par Mme P. DE CASSEL.)

MESSIEURS ET MESDAMES,

En me voyant ici, vous comprendrez facilement l'embarras que j'éprouve. Chacune de vous, en particulier, mesdames, l'éprouverait à ma place.... Pour réussir à le vaincre, en présence d'une réunion aussi imposante, j'ai besoin de m'oublier moi-même..... J'ai besoin de penser, qu'en acceptant une petite part dans les travaux de cette honorable Société, et en venant prendre une place qui m'est offerte avec autant de courtoisie que d'indulgence, ce n'est pas de moi qu'il s'agit mais que c'est *vous toutes*, Mesdames, que je suis appelée à représenter au sein d'une société grave et sérieuse..... dont tant d'esprits élevés reconnaissent l'utilité morale et pratique.... à laquelle un pouvoir éclairé assure une protection puissante... et que la *religion même*, vous le voyez (1) vient bénir et sanctionner aujourd'hui, par la présence d'un de ses plus dignes ministres.....

Heureuse de participer, en quelque chose, à la fondation de notre Société, j'ai suivi la marche de toutes celles qui l'ont devancée depuis plus de 20 ans. Entraînée déjà par mes propres convictions, j'ai été frappée de les retrouver, sous des formes éloquentes, pleines de grandeur et de vérité, exprimées, ici, par un homme d'état, là par un ecclésiastique, ailleurs par des philosophes, des savants, des poètes, *des femmes!*.... Tous, en Angleterre comme en Allemagne, aboutissent à reconnaître que l'intelligence des animaux est encore, en quelque sorte, un léger reflet de ce souffle divin qui va si loin chez l'homme..... Et que l'homme, respectant partout l'œuvre de son créateur, a donc aussi un devoir à remplir envers eux, devoir dont l'exercice doit le rendre meilleur lui-même en étouffant son orgueil.

Entendez ce vénérable ecclésiastique anglais, JOHN STYLES, invoquant la compassion de son auditoire pour les animaux qu'on accable de traitements indignes, s'écrier avec une exaltation sublime : « *Je serais capable « de renier moi-même le christianisme, s'il nous permettait de mettre une « limite à notre charité...Elle doit être infinie, comme le Dieu qui l'inspire!*

Et plus loin, un poète devenu européen, Shakespeare, reprochant à l'homme sa dureté, et lui disant que l'animal est sensible, comme lui, aux souffrances corporelles. Il exprime cette idée dans quelques vers que j'ai trouvés reproduits dans plusieurs des publications anglaises dont il est ici question, et dont je me suis hazardée à faire une bien mauvaise traduction, propre seulement à vous en indiquer le sens :

> « Pour l'humble escarbot, qu'avec indifférence
> Ton pied blesse, en marchant,
> La mort à son angoisse, et toute sa souffrance
> Comme pour le géant !.....»

(Texte anglais.)

> . . . . « The poor beetle which we tread upon,
> In corporal suff'rance, feels a pang as great
> As when a giant dies !.,....»

---

(1) M. l'abbé Salacrousse, curé de la paroisse de Saint-Laurent, et l'un des quatre vices-présidents de la société, tenait le fauteuil du président que celui-ci l'avait prié d'accepter dans cette séance.

Mais, en Angleterre comme en Allemagne, les esprits supérieur sont compris bientôt, que pour faire passer leurs nobles convictions au fond des cœurs, et pour infiltrer dans les intelligences une appréciation plus juste des rapports de l'homme avec les auxiliaires *animés* qu'il ne doit pas confondre avec des machines inertes.... il fallait, d'une part, s'adresser à l'enfance, de l'autre, aux classes inférieures, qui, elles aussi, au milieu même de notre civilisation sociale, sont encore dans un état d'enfance.

Dès lors on s'est occupé d'écrire de petites *historiettes*, les unes, tendant à inspirer aux jeunes enfants des sentiments de bonté et de compassion qui ne devraient jamais les quitter...; les autres, pour disposer le cultivateur ou l'industriel, — en lui indiquant que son propre intérêt l'y engage, — à mieux traiter de pauvres animaux qui font peut-être toute sa richesse. Je trouve dans les publications allemandes, dans celles de la société de Munich, deux historiettes qui répondent parfaitement à ce but. En voici la traduction ou plutôt l'esprit, car je n'ai pas cru devoir m'en tenir servilement au texte. La première, s'adressant aux enfants, a pour titre:

L'OISEAU EN CAGE.

« La petite Anna était très-étourdie, mais, ce qui affligeait le plus sa mère, elle montrait peu de sensibilité.

Un jour on lui donna un joli petit serin qui chantait à merveille. A peine l'œil ouvert, Anna allait l'admirer, nettoyer sa cage, lui donner du sucre, des biscuits, du mouron. Vingt fois le jour elle allait voir s'il ne lui manquait rien.

Le joyeux oiseau, reconnaissant des attentions de sa petite maitresse, lui béquetait les doigts et s'évertuait à lui faire ses plus jolies roulades. Anna était dans le ravissement;

Mais ce ravissement ne dura pas longtemps. Au bout de quinze jours, on entend ij la maman dire à sa fille : « Anna!... ton oiseau n'a plus rien à manger...» Ah! c'est vrai... je l'ai oublié, — répondait la petite fille d'un air assez distrait...

Un peu plus tard, la mère disait un jour: Mais, Anna... je n'ai pas entendu chanter ton serin aujourd'hui... serait-il malade?

Anna court à la cage... L'oiseau était mort. Il n'avait plus ni un grain de millet ni une goutte d'eau.

Au lieu d'en éprouver du chagrin, Anna disait avec insouciance: Eh bien, sais-tu, mère? Je n'en suis pas trop fâchée, car c'était bien ennuyeux d'avoir toujours à s'occuper de cet oiseau.

Une telle indifférence si peu naturelle aux bons enfants, fit beaucoup de peine à la mère d'Anna. Elle y voyait avec raison un commencement d'égoïsme et d'insensibilité qui pouvait rendre son enfant bien peu aimable plus tard... et elle profita de la première occasion pour essayer de l'en corriger.

Un jour qu'elle avait à faire pour quelques heures à la campagne, elle enferma la petite fille dans sa chambre, ne laissant à sa disposition que des joujoux. Au milieu de la journée, Anna eut faim... très-faim. Elle chercha autour d'elle, et ne trouvant rien à manger elle voulut sortir pour aller chercher ailleurs ; mais la porte était fermée à clef, — Alors elle se prit à pleurer et à se désespérer, trouvant sa mère bien méchante et bien négligente.

Le soir venu, la mère rentra. Anna courut à elle en lui disant, d'un ton de reproche: Mais, maman, tu ne m'avais rien donné à manger, je mourrais de faim... et j'étais enfermée !...

Ah c'est vrai, ma petite, je l'avais oublié... lui répondit sa mère, en affectant d'ajouter : *mais aussi, c'est bien ennuyeux d'avoir toujours à s'occuper de toi!...*

A ces paroles, dont elle comprenait le sens, Anna fondit en larmes... elle se jeta dans les bras de sa mère, et celle-ci lui fit sentir alors qu'elle avait bien mérité cette punition pour avoir LAISSÉ SOUFFRIR, JUSQU'A MOURIR DE FAIM, un pauvre petit animal enfermé dans une cage, et qui, dépendant de ses caprices, en avait été la victime. Elle lui fit entendre, que nous devons toujours avoir de la *compassion dans le cœur*, non-seulement pour nos semblables, mais encore pour tous les êtres animés, parce que Dieu leur a donné, tout comme à nous, le sentiment des souffrances corporelles et des besoins matériels de la vie; et que cette compassion est doublement obligatoire vis à vis les animaux que nous privons de leur liberté soit pour nous en servir, soit pour nous en amuser.

L'autre historiette, à l'usage des habitants de la campagne, est intitulée :

SOTTISE ET CRUAUTÉ.

Un riche fermier avait, en mourant, laissé à un pauvre paysan de son voisinage une charrette et un bon cheval. Voilà cet homme fort heureux. Tous les jours il transporte des provisions au marché, on lui paye bien sa peine, et au bout d'un certain temps, il est en état de restaurer sa chaumière qui tombait passablement en ruine.

Mais, à mesure qu'il gagnait de l'argent il devenait avare. Un beau matin il se dit : mon cheval me fait gagner de l'argent, c'est vrai, mais aussi, il en mange... et pas mal! .. L'avoine est chère... si je la supprimais?... Si je ne lui donnais que du foin, ou de la paille ?... Ma foi, c'est ben assez bon pour c'te bête... car, au fait, n'importe ce qu'elle la mange... c'est toujours qu'UNE BÊTE, quoi!...

Dès ce jour, en effet, le pauvre cheval ne vit plus d'avoine, et le foin, même, ne tarda pas à devenir plus rare dans son râtelier. Mais, en revanche, il recevait d'abondants coups de pieds et de fouet. Car, lorsqu'affaibli par la faim ses forces venaient à lui manquer et sa course à se ralentir, son impitoyable maître l'accablait de traitements indignes pour le contraindre à travailler comme d'habitude.

Toujours aveuglé par un désir, mal entendu, de s'enrichir, le vilain homme n'écoutait pas même la voix de son propre bon sens qui devait lui dire : si tu veux que ton cheval travaille bien, nourris-le bien et soigne-le.

Toi même, quand tu n'as pas dîné, n'es-tu pas bien plus faible? Et si, par dessus le marché on te battait, en travaillerais-tu mieux?

Enfin, le misérable fit tant et si bien, qu'un jour sa malheureuse bête, n'en pouvant plus, n'ayant que la peau sur les os, couverte de meurtrissures et de plaies, tomba morte au beau milieu de la route.

Bel embarras pour notre homme ! D'abord ce jour-là il fallut renoncer à se rendre à la ville, il fallut payer même trois francs pour faire reconduire sa charrette au logis, il fallut encore perdre plusieurs jours à chercher un autre cheval qu'on lui fit payer fort cher, car il était connu dans tout le voisinage, pour son avarice, et l'on était charmé de l'en voir si bien puni, par sa propre faute.

De sorte que, au lieu du gain qu'il s'était promis, il dépensa cette année là bien plus d'argent qu'il n'en eût fallu pour donner une bonne nourriture à son cheval. Il reconnut alors la *sottise* et la *cruauté* de sa conduite, et se promit bien, à l'avenir, de mieux traiter l'animal dont la vie et le travail étaient si indispensables à sa propre existence.

Quant aux publications anglaises du même genre, dont plusieurs sont sorties de la plume des femmes, elles ont, presque toutes, un caractère religieux, qui fait, certainement, le plus grand honneur aux sentiments de leurs auteurs ansi qu'à ceux du peuple dont elles sont goûtées, mais, — et je n'hésite pas à ajouter, *malheureusement*, — elles sont peut-être par cela même moins en harmonie avec l'esprit de nos écoles, et surtout avec l'esprit de nos écoliers, *petits philosophes en herbe*, quelquefois bien précoces!.....

Je doute également que les petites instructions adressées aux cochers, aux âniers, aux porteurs d'eau et aux bergers, soient fort du goût des nôtres qui, *même s'ils savaient lire*, préféreraient toute autre chose, peut être, à des *citations bibliques*, dont abonde le texte anglais.

Quant au livre de M. FLETCHER, *Esq.*, c'est un recueil intéressant dédié à l'évêque de Glocester. Il renferme des considérations à la fois religieuses et philosophiques, sur l'utilité que nous retirons des animaux ; sur leur intelligence, et même sur leur sensibilité; sur les devoirs de l'homme envers eux et sur le compte que nous aurons à rendre un jour à celui qui est leur créateur comme il est le nôtre, de l'usage que nous aurons fait, à leur égard, de notre supériorité intellectuelle. M. Fletcher, dans un charitable entraînement, va jusqu'à demander des hospices pour l'animal qui, n'étant plus bon à rien, est si souvent délaissé par nous, avec une coupable indifférence. — Il donne ensuite plusieurs notes sur des actes de cruauté exercés sur des animaux dans diverses parties de l'Angleterre, en y ajoutant des détails sur la manière dont ces actes ont été punis par la loi.

Je ne puis, à cette occasion, passer sous silence un manuscrit allemand, ayant pour titre LINDOR, ou *le plus fidèle entre tous.*

La lecture de ce manuscrit, œuvre d'un *solitaire*, m'a paru à la fois attachante pour le lecteur ordinaire et d'une très haute portée, même pour le savant. C'est une physiologie du chien.

L'auteur a su partager habilement son récit en agréable causerie, en observations judicieuses, en remarques piquantes et en méditations profondes qui toutes révèlent l'homme aimable et spirituel, le penseur sérieux, le philosophe plein de foi. — Je regrette de ne pouvoir ajouter à ce portrait d'autre nom que celui choisi par l'auteur lui-même pour rester inconnu..... Mais sans doute, plusieurs d'entre vous, messieurs, l'auront déjà deviné; car, laissant là ses livres et ses brillants souvenirs, cet aimable solitaire vient souvent au milieu de nous, faire preuve de son zèle pour notre Société.

A la suite de toutes ces lectures dont je viens de vous faire ici la courte analyse, à la suite des réflexions qu'elles m'ont suggérées... j'ai compris que les dames françaises, dont le cœur est toujours prêt à prendre une si large part dans les questions les plus élevées... dont l'esprit saisit avec tant de justesse ce qu'il sait rendre avec tant de grâce... j'ai compris, dis-je, que les DAMES FRANÇAISES devaient, moins que toutes les autres, s'effacer dans cette circonstance, parce que leur coopération peut, encore ici, être puissante dans l'intérêt de l'humanité!.... et parce que, d'ailleurs, LA FEMME, fidèle à sa sainte et belle mission, doit toujours se trouver là, où il s'agit DE GUIDER UN ENFANT!.... D'ADOUCIR UNE SOUFFRANCE!....

Voilà pourquoi, Mesdames, étrangère sans doute par ma naissance, mais bien *française* par mes sympathies, j'ai pris le courage de venir vous dire : LEVEZ-VOUS A LA VOIX DE VOS SŒURS DE L'ALLEMAGNE ET DE L'ANGLETERRE ! — Sans s'écarter jamais d'une réserve, qui n'est pas leur moindre ornement, elles marchent aujourd'hui de pair avec toutes les sommités masculines, dans l'organisation et les travaux, quelquefois pénibles et arides, des sociétés protectrices des animaux.

En Angleterre, c'est une jeune Reine qui a donné un premier et noble exemple, en sanctionnant, par son patronage, l'œuvre d'un homme de bien, de M. MARTIN.

En Bavière, l'honorable M. PERNER voit encore tous les jours répondre à son appel les reines, les princesses, toutes les premières dames de l'Allemagne, qui viennent mêler leurs noms aux noms les plus humbles.

En Saxe, à Dresde, une réunion de 300 à 400 dames vient même de se constituer en société particulière et toute spéciale. Elle a admis dans son sein, comme guide, un vénérable ecclésiastique, et comme auxiliaire, un légiste distingué. Protégée par la reine, cette association est présidée par madame la comtesse de LINAR ; elle a pour secrétaire-général, madame de Serre, qui joint aux plus aimables qualités un esprit remarquable. Ces dames, dignes émules de la grande société, fondée dans la même ville, par M. de Serre, semblent vouloir la stimuler encore et lui dire : Marchez... nous vous préparons les voies ! — et, lui abandonnant volontiers des soins plus brillants peut-être, mais aussi plus sévères, elles bornent leur mission à des soins plus directs, dans l'intérieur des familles. Elles prennent à tâche d'adoucir les sentiments et les habitudes des classes inférieures, et, en particulier, des domestiques des deux sexes; en prévenant ou en réprimant chez eux certains actes de rudesse ou d'insensibilité envers les animaux, lorsque peut-être, en même temps, ils sont appelés à s'occuper des enfants qu'on leur a confiés.

Ces dames ne dédaignent pas de pénétrer jusque dans les plus humbles écoles, pour y distribuer des *récompenses aux maîtres* dont les élèves n'ont point mérité de reproches pour avoir, dans leurs jeux ou autrement, pris plaisir à maltraiter ou à voir maltraiter un animal.

Quelque modeste que soit, en apparence, la mission que ces dames se sont donnée, vous la trouverez, sans nul doute, éminemment belle et bienfaisante... Car au premier mot vous en aurez compris, mesdames, et vous aussi, messieurs, toute la portée.....

Quoi de plus délicat, en effet, quoi de plus sacré, que la jeune et tendre imagination qui s'éveille et s'anime au premier souffle de vie chez l'*enfant*, dont l'intelligence, plus ou moins précoce, se construit en dehors même de toutes nos prévisions, une existence et un petit monde à lui, de tout ce qu'il voit, de tout ce qu'il entend, de tout ce qu'il éprouve !..... Chaque impression qu'il reçoit est donc, pour ainsi dire, une nouvelle pierre posée à l'édifice de son avenir.....

Or, s'il en est ainsi, — et qui pourrait le contester?... s'il est constant que les premières impressions données à l'enfant, ses habitudes, ses goûts, ses idées grandissent avec lui, constituent, plus tard, l'ensemble du *caractère de l'homme*, déterminent en bien ou en mal ses rapports avec la société et décident, par conséquent, de son avenir... il est de la plus grande importance, pour le bien-être de l'individu, en particulier, comme pour le bien-être de la société en général, que toutes les dispositions de l'enfant soient dirigées vers des sentiments de bonté, de justice, de compassion et de générosité.

Ne négligeons donc aucun moyen d'y parvenir..... soyons attentifs à saisir ceux-là surtout qui sont le plus à sa portée, en attendant qu'il puisse bien comprendre tous ces livres de morale qu'il ne sait pas lire encore et qu'il ne lira peut-être jamais qu'à demi.....

Et alors ne dédaignons pas le moyen qui nous est offert dans ses rapports avec les *animaux domestiques*, presque toujours les premiers objets sur lesquels l'enfant essaye cet esprit d'égoïsme et de domination qui se révèle déjà en lui, comme le chant du coq de l'orgueil humain !

Couché à terre auprès de cet enfant, dont il est alternativement le jouet ou le gardien, voyez ce chien fidèle, au regard doux, attentif, intelligent... abdiquer généreusement sa propre force et sa volonté, devant un petit être qui tantôt le frappe, tantôt le caresse, et qui, selon la liberté qu'on laissera à ses caprices, deviendra son bienfaiteur ou son tyran... Dans ce tableau, si simple, la nature ne nous indique-t-elle pas elle-même un A, B, C, tout entier de la plus saine morale?... Sachons seulement en profiter dans l'intérêt de cet enfant, qui, devenu homme, sera pour ses semblables ce qu'il était pour cet animal, un *bienfaiteur* ou un *tyran*... un homme généreux et compatissant, ou bien un dominateur égoïste et méchant...

Mais au lieu de cela, il est déplorable de voir tant de gens agir en sens contraire sur l'esprit des enfants, et leur donner, à plaisir, des idées fausses, qui doivent nécessairement fausser aussi leurs sentiments... Ils leur diront, par exemple, que tel ou tel animal sauvage ou domestique *va venir les manger s'ils ne sont pas sages*... Qu'en résulte-t-il?... D'abord, l'enfant, toujours plus clairvoyant qu'on ne pense, ne sera pas longtemps à s'apercevoir qu'on le trompe... *Tromper n'est donc qu'un jeu*, se dira-t-il..... Première conclusion, qui, soit dit en passant, va se caser dans un petit coin de son cerveau et dont il fera son profit au moment où l'on s'y attendra le moins... Mais ce stratagème, souveraine panacée des *bonnes* pour prévenir un orage près d'éclater, peut avoir encore d'autres inconvénients non moins graves ; c'est d'impressionner l'enfant d'une manière plus ou moins forte, plus ou moins fâcheuse, contre les animaux, qu'on lui représente comme des *monstres toujours prêts à le dévorer*... S'il vient à les apercevoir, il n'éprouve à leur vue que frayeur ou dégoût, — deux sentiments qu'on ne devrait pas provoquer chez lui, parce que le premier peut influer sérieusement sur sa santé, et avoir même, si l'enfant est une fille, les suites les plus graves..., parce que le second prédispose l'enfant à ne voir, en général. dans les animaux, que des êtres dangereux ou inutiles, au lieu d'y reconnaître presque toujours un BIENFAIT DU CRÉATEUR.

Cependant, gardons-nous bien, passant d'un extrême à l'autre, d'inspirer à l'enfant cette tendresse déplacée pour les animaux, qui pousse certaines personnes à donner à leurs chiens, à leurs chats favoris, les frandises les plus recherchées, lorsqu'au même moment elles refuseraient peut-être un morceau de pain au malheureux qui frappe à leur porte !... Une telle exagération est trop absurde, trop condamnable, pour que le *bon sens*, à lui seul, n'en fasse justice... Tant pis donc pour ceux qui en montrent aussi peu pour voir dans le but de notre société, une tendance à favoriser de semblables abus !...

Beaucoup de gens encore, surtout dans les classes inférieures, excitent les enfants à rire, par exemple, des contorsions d'un animal qu'on aura placé, pour s'amuser, dans une position violente, ou bien qui combattra avec les dernières convulsions de la mort. D'autres les encouragent à des jeux dont le résultat peut, sans qu'il y paraisse, devenir funeste à leur caractère. — Par exemple, un enfant harcelera son chien à outrance. Pendant un certain temps, l'animal prend patience... mais enfin il s'irrite... il menace par des grognements de plus en plus énergiques... il montre les dents... mais, remarquez bien, tout cela n'est encore de sa part qu'un avertissement ! Alors le petit lutin, qui le brave, s'enhardit et redouble ses attaques ; ceux qui l'entourent, ses parents même, sans penser davantage au danger physique attaché peut-être à cette colère qu'on excite et qui peut donner un si terrible mal, applaudissent à l'envie aux *gentilles malices* de cet enfant gâté. — Cependant la patience de l'animal est à bout... il donne un vigoureux coup de dent... l'enfant crie... pour le coup il est blessé... chacun s'empresse autour de lui... une colère générale éclate sur l'*abominable chien !*... il est battu et chassé ; mais l'on trouve parfaitement *juste* qu'auparavant l'enfant, pour se *consoler de sa mésaventure*, lui donne encore un dernier petit coup de poing, que ce pauvre animal, dans le coin où il est allé humblement se réfugier, reçoit *en léchant la main* qui lui inflige une punition, à mon avis, si peu méritée! Et je vous le demande, est-ce là un enfant bien élevé?... Aura-t-il jamais un jugement sain et un bon cœur?... et ceux qui l'entouraient ont-ils fait leur devoir?... Non.

Certes, aux yeux de la multitude, tout cela n'est rien... Il est même *pitoyable* de parler de ces *niaiseries*-là... Mais pour des esprits équitables, mais pour des mères intelligentes, n'y a-t-il pas là tout un enseignement à exploiter?... d'une part (et c'est du côté de l'homme, malheureusement), il y a méchanceté, dureté même, agression calculée, enfin vengeance injuste et pourtant satisfaite... de l'autre, au contraire (et c'est du côté de l'animal), patience, prudence longtemps soutenue, puis sans doute une juste irritation... enfin, un acte de défense très-naturel, mais suivi aussitôt d'une nouvelle et vraiment touchante abnégation.

Quel autre parti cependant ne pourrait-on pas tirer de ces petits incidents, pour amener dans le cœur de l'enfant des sentiments meilleurs et plus généreux?... pour lui apprendre surtout qu'il y a toujours INGRATITUDE à rendre le mal pour le bien, LACHETÉ à opprimer le faible.

INGRATITUDE donc de la part de l'homme, qui traite sans le moindre ménagement les animaux, puisque ce sont eux qui le nourrissent, l'habillent, le portent, l'amusent et souvent même lui sauvent la vie... Ingratitude, non-seulement envers les animaux eux-mêmes, mais encore envers le Créateur qui nous les a donnés avec la permission d'en USER SELON NOS BESOINS, mais qui, bien certainement, à mon sens du moins, n'a pas entendu par-là nous autoriser à en ABUSER SELON NOS CAPRICES... quoi qu'en puissent dire, je le sais bien, les spécieuses interprétations de l'égoïsme. pour rapetisser ici, à son propre niveau, l'immensité même de la BONTÉ DIVINE!

Il y a LACHETÉ aussi envers ces mêmes êtres dont nous prétendons nier la sensibilité, non-seulement morale, mais physique, par la seule raison que ces êtres n'ont pas une parole pour se plaindre, ni un tribunal, — *ostensible du moins*, — pour nous accuser.

Sans doute ils sont inférieurs à nous. Mais dans cet état d'infériorité même, ils sont encore nos *bienfaiteurs*; lorsque nous, avec toute notre supériorité intellectuelle, nous nous faisons leurs *bourreaux*!... Vivants, nous les accablons de travaux, nous leur imaginons toutes sortes de tortures... morts, nous nous couvrons de leurs dépouilles... Et, non contents de demander aux uns nos premiers besoins, nous savons emprunter aux autres de quoi satisfaire aux exigences les plus futiles.

Il y a même là des rapprochements si singuliers, si bizarres, à faire, mais si vrais, que je ne puis m'empêcher de vous en rappeler ici quelques-uns, dussé-je blesser un peu les petites susceptibilités de notre dignité humaine!...

Par exemple, la soie, les velours, les satins moelleux dont nous aimons tant à nous envelopper... ces étoffes si belles, qui font la gloire de nos fabriques, la splendeur de nos salons et de nos palais,... les aurions-nous sans cet humble petit ver dont une ingénieuse industrie a deviné la valeur, et que l'*intérêt*, faute d'un sentiment meilleur, nous force du moins à respecter. — Oh! encore une fois, pauvre orgueil humain! que tu es peu de chose! Ainsi placé entre deux êtres aussi infimes qui tiennent l'existence de l'homme, pour ainsi dire, par les deux bouts, et dont l'un est chargé de le revêtir dès son premier jour de soyeuses parures, et l'autre, de le dépouiller ensuite de cette enveloppe humaine dont il s'est montré si inquiet... si glorieux!... Mais glissons sur cette image, et allons chercher...

La PERLE. Où la trouvons-nous? certes chez l'animal le plus énigmatique, et qui, à coup sûr, occupe le dernier échelon des intelligences? Cependant, par un jeu des plus bizarres encore, l'huître, — *puisqu'il faut l'appeler par son nom*, — l'huître, fournit aux femmes leurs plus belles parures, aux diadèmes une partie de leur éclat, et, qui le croirait? à l'*histoire* même de certains épisodes.

Et le TIGRE?... que nous ne saurions nommer sans une juste épouvante... sa dépouille ne vient-elle pas, néanmoins, servir aux moelleuses exigences de nos boudoirs?...

Et L'HERMINE... à peine j'ose le dire, quadrupède en miniature, ne traîne-t-il pas, à sa suite, toutes les royautés, toutes les noblesses... dont sa *modeste petite queue* est devenue l'insigne irrévocable?... tandis que la grandeur musulmane se traduit par *les crins d'un cheval*!

Et L'ANE, donc... pauvre animal, dont vous accueillez le nom avec un sourire si dédaigneux, parce que vous ne le croyez bon qu'à braire ou à ruer... Sa peau, cependant, endurcie sous les coups, n'est-elle pas quelquefois l'accompagnement obligé des plus sublimes productions de nos intelligences littéraires?... singulière fraternité posthume, avouons-le!... Ce même âne, après avoir porté *tant de sacs au moulin*, ne va-t-il pas porter encore plus d'un illustre nom à la postérité?... Et, lorsque de glorieux ancêtres ne le précédaient pas, l'homme ne va-t-il pas quelquefois acheter, à prix d'or, un petit morceau de cette *ignoble peau*, transformée par lui en parchemin précieux, qui doit révéler aux siècles futurs, un nom que peut-être il n'a pas su mériter!...

Mais ce n'est pas tout. Comme l'hermine, l'âne aussi a ses brillants cortéges... et les guerriers ne marchent-ils pas fièrement, à pas comptés, DERRIÈRE UNE PEAU D'ANE, dont les roulements joyeux appellent à grand bruit la foule empressée qui vient célébrer leurs triomphes?...

Ce n'est pas tout encore.... Et voyez jusqu'où va l'inconséquence des sentiments de l'homme.... Car, ce même animal qu'il accable aujourd'hui de mépris et de coups,... dont le nom seul est une injure... il le regardera, demain, avec amour, avec espérance.... si la conservation d'une santé qui lui est chère, peut dépendre de quelques gouttes de *son lait!*...

Passons maintenant à des rapprochements d'un autre caractère. Et, tout en l'amusant, sachons indiquer aussi à l'enfant les *aptitudes intellectuelles* des animaux, aptitudes, quelquefois si surprenantes que nous ne saurions y méconnaître une relation intime avec nos propres sentiments... Aussi,..... si j'osais, je comparerais ces deux intelligences, sorties de la même source créatrice, source dont les mystères sont si impénétrables..... je comparerais l'intelligence *humaine* et l'intelligence *animale*, à deux sœurs, sorties ensemble de la maison paternelle..... Arrivées à une barrière, qui doit les séparer, l'une d'elles la franchit et s'éloigne .... l'autre, la suit des yeux..... longtemps encore elle distingue sa voix..... Mais peu à peu la forme s'efface et la voix se perd dans les profondeurs de l'horizon..... un léger écho seulement la renvoie un moment à cette sœur, qui *la reconnaît encore!*.....

De tous les animaux, le chien offre sans contredit, l'expression la plus complète de cette aptitude intellectuelle qui s'éloigne de plus en plus de la nôtre en passant successivement par tous les échelons du règne animal. — J'en ai eu moi-même beaucoup de preuves, en voici une que vous trouverez peut-être digne de votre attention.

J'étais malade et même couchée. Une nouvelle, reçue la veille, me rendait triste et pensive..... Je crois même que des larmes s'échappaient de mes yeux..... En face de moi, dans son panier, était ma petite chienne, avec ses trois petits, que seule elle me laissait toujours prendre et caresser. Elle semble s'apercevoir de ma préoccupation..... me regarde fixement... s'agite..... pousse des plaintes..... puis tout-à-coup elle saisit un de ses petits et vient, à grande peine, *me l'apporter !*

Expliquez cela, comme vous voudrez, Messieurs, quant à moi, j'en ai conservé, je l'avoue sans honte, un souvenir mêlé de reconnaissance.....

Un autre exemple, qui s'est passé aussi sous mes yeux. Mais il s'agit d'un animal dont je fais bien moins de cas..... c'est le *singe.*

On avait habitué ce singe, comme tant d'autres, à toutes sortes de petits services d'intérieur. Entre autres, le concierge lui donnait régulièrement à porter au salon, les lettres et les journaux qu'il recevait du facteur. Plusieurs lettres, *cachetées de noir,* étaient venues successivement..... la famille avait pris le deuil.. .. toute la maison semblait plongée dans la tristesse... En apportant ces lettres, le singe voyait qu'on pleurait beaucoup..... Cependant à quelques temps de là, les *cachets noirs* disparurent, et les rouges redevinrent plus fréquents. — Un jour pourtant mon singe retrouve encore un *cachet noir* dans le paquet qu'il tient.... Que fait-il? avant de monter chez son maître, il s'accroupit sur l'escalier, saisit délicatement la lettre et en *arrache le malencontreux cachet* !..... Y reconnaissait-il donc un signe de malheur et de tristesse?..... Science humaine..... répondez.... si vous pouvez !

Maintenant voyez ce que dit une dame de cet *ours,* dont le nom seul vous donne la chair de poule..... Lady Charlotte Elisabeth dans un des livres élémentaires dont je viens de vous parler, nous dit :

« Qu'au Canada, où elle a passé plusieurs années, l'*ours* est tellement apprivoisé, que les femmes de l'armée anglaise, lorsqu'elles vont vaquer à leurs travaux, confient toujours la garde de leurs enfants à l'*ours familier* de la tente, ou de la cabane. »

Certes, je ne prétends pas que nous imitions de tels usages..... Mais avec lady Charlotte j'en tirerai cette conséquence : que la sauvage voracité de l'ours (comme celle peut-être de beaucoup d'autres habitants des forêts et des cavernes), pourrait fort bien n'être plutôt que l'effet du besoin et de la solitude, et non pas une suite nécessaire de son organisation, puisque les bons traitements et la société de l'homme l'ont placé, dans le pays dont il est question, sur la même ligne que nos animaux domestiques les plus pacifiques.

Et trouvez-vous donc si étrange qu'un ours, dont vous allez épier traîtreusement la marche jusque dans sa tanière, ne voie en vous qu'un visiteur hostile? Son instinct lui dit assez que vous ne venez là que pour lui faire du mal, et que s'il ne vous mange, c'est bien vous qui le mangerez!... D'ailleurs, n'y a t-il donc que la *bête*, qui, poussée par la faim, se jette sur l'homme pour le dévorer ?... N'y a-t-il pas sur le globe, plus d'un coin de terre encore, où des *êtres à figure* humaine dévorent leurs semblables s'ils ont le malheur de les approcher sans les mêmes précautions qu'il leur faut prendre en face de la bête féroce!... Et cependant, ceux-là S'APPELLENT DES HOMMES... et nous ne leur refusons pas, certainement, l'espoir d'une civilisation qui doit réveiller en eux cette intelligence, qui dort encore sous la forme d'un instinct tout animal!...

Une autre objection vient encore s'offrir à ma pensée. « Les animaux dit-on, peuvent, il est vrai, avoir l'instinct des sentiments les plus tendres ;... mais d'autres aussi, vont jusqu'à dévorer même leurs petits!»

Oh! je regrette d'avoir à vous rappeler qu'on peut encore tirer ici un bien triste parallèle, peu favorable à l'homme... et qu'il ne le cède en rien, de ce côté, à l'animal le plus féroce... au contraire!... sans doute, l'homme ne MANGE PAS ses enfants; mais que de fois il fait *pire*!... il LES PERVERTIT... IL LES PRÉPARE AUX ÉCHAFAUDS!...

Témoins ces malheureux enfants, que vous rencontrez tous les jours, et qui ne sortent de leur berceau que pour apprendre, de leurs propres parents, à voler, à tromper, à tuer, s'il le faut... pourvu qu'ils rapportent sous un toit infâme cet argent qui va servir peut-être à d'autres crimes!...

Témoin encore cet ASSASSIN DE 15 ANS, dont l'un de nos secrétaires généraux nous a, dans la dernière séance, retracé la douloureuse histoire... Malheureux enfant! ses parents prenaient plaisir à lui voir *mutiler des animaux*... Et lorsque, quelques jours avant l'attentat qui vient de le condamner au bagne, il demande la permission d'*égorger* un chien dont on ne voulait plus, on admire ses dispositions à l'état de *boucher*.

Un peu plus tard, il prend une petite fille de quatre ans, lui bande les yeux, lui met un bâillon, la suspend à un croc, comme il l'avait fait au chien, et procède, sans s'émouvoir, à la même boucherie... Mais prêt d'être surpris, il détache sa pauvre petite victime, et va la cacher sous un tas de paille où elle est retrouvée le lendemain respirant encore, mais en proie à une horrible agonie!... Et lui, pendant ce temps qu'avait-il fait? Il s'était rendu à l'école, à l'église, et il avait dîné comme de coutume à la table de ses parents... Et le lendemain, devant un tribunal épouvanté, devant une allocution touchante qui excite une émotion générale... il reste seul impassible!

Vous voyez par ce triste exemple, précédé de tant d'autres que l'histoire même nous donne, qu'il est de la plus grande importance d'empêcher que l'enfant ne se livre, sur des animaux, à des essais dont l'application peut devenir aussi funeste. Ainsi, l'on a raison en Angleterre et en Allemagne d'interdire la présence des enfants dans tous les lieux où l'on abat des animaux. Et, puisqu'il faut des gens pour exercer ce cruel métier, attendons du moins qu'ils soient *hommes ;* qu'ils ne le remplissent que par un sentiment de nécessité, et qu'ils s'y prennent avec le plus d'humanité possible... Mais ne permettons pas à des enfants de se faire une récréation d'un sanglant apprentissage !

Je sais, que dans nos campagnes surtout, chaque famille a l'habitude d'abattre, sous son propre toit, les animaux nécessaires à la subsistance d'hiver. Dans ces opérations, les enfants sont appelés à aider leurs parents. J'ai eu l'occasion de me convaincre que c'est là un fâcheux usage... parce qu'il en reste toujours, dans les meilleurs caractères, un fond d'*insensibilité,* qui ne demande peut-être que l'*occasion* pour devenir autre chose !...

Ne serait-ce pas ici le lieu de proposer des *abattoirs communs ,* où chaque propriétaire, petit ou grand , serait tenu d'aller abattre ou faire abattre son porc ou sa vache, sans avoir besoin de l'assistance de ses enfants?....

Je soumets très-humblement cette idée à la Société, comme la simple expression d'une conviction douloureuse et profonde !....

Sachons donc , messieurs et mesdames , en comprenant bien le but de cette honorable Société, tirer parti de toutes les réflexions que nous venons faire ici... et tâchons de les infiltrer peu à peu dans les sentiments de l'*homme-enfant,* car c'est toujours à sa racine qu'il faut prendre le mal qu'on veut guérir. Remplaçant ainsi l'orgueil par la vérité, l'égoïsme par la justice, la dureté de cœur par la compassion, nous lui aurons mis plus de bonté dans l'âme, plus de jugement dans l'esprit, en un mot, nous en aurons fait un *homme de bien.*

Et si cet homme alors, est habitant des campagnes, cultivateur, ou fermier, — éclairé qu'il sera de plus en plus par la pratique et l'expérience qui provoquent toujours des observations utiles, il s'apercevra bientôt qu'en traitant bien ses chevaux , son bétail , tous ses animaux domestiques, ils lui rendront aussi de meilleurs et de plus longs services.

Dès lors encore, par une conséquence toute naturelle, car tout s'enchaîne... il ne souffrira pas chez lui de ces mauvais serviteurs, dont la brutalité et la négligence, déjà si désagréables au maître, sont le fléau des pauvres animaux, et causent souvent , par cela même, la ruine des propriétaires.

Il se procurera des gens d'un caractère plus doux, plus soigneux, qu'il traitera aussi avec plus d'égards, et de cette manière, tout en faisant une existence plus douce à tout ce qui vit autour de lui, l'homme des champs verra d'une part, s'accroître son bien-être, ses richesses..., de l'autre, diminuer le nombre de ces *tristes* sujets dont regorgent nos campagnes et qui n'affluent dans nos villes que pour y apporter un peu plus de désordres !....

Autre conséquence bien digne d'attention !.... Nos abattoirs n'auront plus alors à livrer à la consommation de ces hideuses viandes meurtries et malsaines, provenant d'animaux mal nourris, toujours battus, tourmentés, garrottés et souffrants..... dont le sang est constamment dans un état maladif, qui peut même influer sur la santé de l'homme...

J'en appelle à tous ces dignes interprètes de la science, conservateurs si dévoués, de nos fragiles existences... et que nous voyons ici, parce qu'ils sont toujours là où il y a du bien à faire !....

Et ne sont-ce pas pourtant ces mauvaises viandes qui, par leur bas prix, par la cupidité... vraiment *meurtrière*, de certains accapareurs, sont seules à la portée de cette classe intéressante et malheureuse d'ouvriers, végétant sous le poids d'une misère obstinée, désespérante.....

C'est cette misère qu'il faut employer tous ses moyens à faire cesser, — parce qu'elle est le foyer de tous les maux de l'âme et du corps, — en procurant aux classes pauvres et laborieuses une nourriture plus saine, plus abondante et, en même temps, plus à la portée de leurs faibles ressources.

Or, ce résultat est inhérent au but que poursuivent si ardemment les honorables fondateurs des sociétés comme la nôtre. Car, en reportant ses idées, sérieusement et de bonne foi, sur la nécessité de *mieux traiter les animaux*, on arrivera, insensiblement, par des transitions très-logique, à *mieux traiter aussi les hommes*.

Notre vénérable PRÉSIDENT (1), que nous espérons voir bien longtemps à notre tête... vous l'a prouvé par des paroles qui portent ce cachet de bonté; d'esprit et de générosité qui lui est tout particulier.

Un autre de nos membres les plus zélés, les plus actifs, vient encore, tout récemment, de développer la même vérité (2), avec cette éloquence persuasive et entraînante, si généralement admirée.

Un ministre éclairé l'a comprise et accueillie avec une bienveillance qui fait tout notre espoir, en attendant qu'elle *fasse notre force*!... Il a compris, en homme d'Etat plein de cœur et de jugement, qu'il s'agissait, également, dans les questions qui nous occupent, et d'adoucir le moral de certains hommes, et de généraliser davantage ce bien-être matériel qui peut devenir même d'un si grand poids dans la balance de l'*économie politique*...

Mais il me semble que j'ai prononcé là un mot bien sérieux... pardon, Mesdames,... vous, dont je suis ici l'organe, vous allez trouver, peut-être avec raison, que c'est trop me hasarder que d'aborder des questions aussi graves, devant ces Messieurs, auxquels il appartient seul de s'en saisir et de les discuter avec la sagesse qu'ils ont en partage.

Cependant... entre nous, Mesdames, pourquoi ne pas leur indiquer que nous savons du moins les comprendre et les apprécier?... Et lorsqu'au sixième siècle, au sein même de cette belle terre de France, depuis, si chevaleresque, on osa demander: *si vraiment la femme méritait d'être rangée au nombre des humains* (3). Il nous sera permis peut-être, aujourd'hui, de trouver *bien barbares* ceux qui parlaient ainsi!...

Mais je rentre bien vite dans notre sphère spéciale,... auprès de cet enfant dont nous devons, encore longtemps, guider les pas qnand il aura quitté le *bourrelet* préservateur, que remplaceront, plus tard, le bandeau civique, le casque, la couronne, la tiare...

Et je lui dirai, en joignant ses petites mains pour la prière : sois bon, puisque tu es chrétien .. sois reconnaissant envers ton Créateur... et s'il t'a donné une intelligence supérieure, montre-toi supérieur aussi à

---

(1) M. PARISET, membre de l'Institut, mourut à Paris, le 3 juillet 1847.

(2) Voir le rapport de M. HAMONT au ministre de l'agriculture et du commerce, dans le n° 125 de l'*Union agricole*.

(3) Second *Concile de Mâcon*, en 1585, voir : *Grégoire de Tours* qui fut témoin de ces débats.

toutes les créatures, par l'élévation de tous les sentiments. Ne frappe
point un animal par colère... Et, me rappelant les belles paroles d'un de
nos membres (1), dont l'éloquence est déjà si puissante et si remarquable,
j'ajouterai : car frapper... « *C'est une concession coupable à un senti-*
» *ment mauvais. Ne tue pas non plus un animal sans nécessité, car il y a*
» *une odeur de sang dans le meurtre d'un animal comme dans le meurtre*
» *d'un homme. La douleur qui crie appelle Dieu ; ce cri passe par le*
» *cœur de l'homme bon, de l'homme semblable à Dieu. Eloigne-toi des*
» *spectacles odieux... conserve la virginité de ton cœur... exerce la*
» *charité envers toutes les créatures. La charité véritable ne limite*
» *point son objet...elle est divine, mais seulement en tant qu'elle est*
» *infinie!... »*

Et maintenant, Messieurs, veuillez me pardonner, si, confiante dans
votre indulgence, forte uniquement de mes convictions, et du désir de
prouver mon dévouement à cette honorable Société, je me suis permis, en
faveur du *plus faible*, d'invoquer le *plus fort*... sans craindre assez peut-
être, de blesser quelquefois dans sa *dignité* cet homme qui se pose si volontiers en maître souverain de la nature entière... et qui, frondant quelquefois le despotisme, aspire tant à l'exercer !...

Veuillez me pardonner, si, faible femme, j'ai osé dire à celui qui
vient à nous avec des vues sincères...

Laisse, en entrant ici, ton ORGUEIL *à la porte!...*

Lettre de M. le ministre de l'agriculture et du commerce.

A M. P. de Cassel, secrétaire-général de la Société protectrice des animaux.

Paris, le 27 janvier 1847.

Monsieur, j'ai l'honneur de vous annoncer que
par une décision de ce jour, j'ai accordé à la Société
protectrice des animaux, une subvention de CINQ
CENTS francs, pour l'aider à atteindre le but qu'elle
s'est proposé.

Je suis heureux de prouver ainsi à la Société
l'intérêt que je prends aux succès de ses travaux.

Recevez, Monsieur, l'assurance de ma parfaite
considération,

Le Ministre
secrétaire d'Etat de l'Agriculture et du Commerce,
Signé : CUNIN-GRIDAINE.

---

(1) M. le docteur PIERRE GRATIOLET. Séance du 8 mai 1846.

RAPPORT adressé au Comice agricole de la plaine de Schelestadt (Bas-Rhin) au nom de la commission chargée par lui d'examiner la question des sévices excessifs et scandaleux exercés envers les animaux domestiques, lu à la séance du 26 février.

Messieurs,

Au milieu des justes préoccupations que vous inspirent les intérêts de l'agriculture, qu'il nous soit permis d'interrompre un instant vos travaux pour appeler votre attention sur la question des sévices inutiles, excessifs et scandaleux, dont les animaux domestiques ne sont que trop souvent victimes; sur les suites que ces sévices peuvent avoir sur l'homme lui-même, au point de vue de la morale et de l'hygiène, et enfin sur l'urgence d'aviser aux moyens de les prévenir et au besoin de les réprimer.

Cette question est digne de la sollicitude et des méditations de tous les hommes sérieux. Qui de vous, messieurs, n'a souvent été révolté du spectacle des actes de brutalité ou de cruauté qu'il a vu exercer contre de malheureuses bêtes, livrées sans défense aux violences d'un maître impitoyable? Qui ne s'est surpris, dans de telles occasions, à regretter que la police ne fût pas armée des pouvoirs nécessaires pour réprimer ces actes de barbarie et de lâcheté?

Il vous souvient peut-être encore d'avoir vu, l'année dernière, un homme (pour l'honneur de l'humanité, nous devons dire qu'il était en démence), un fou, parcourant les deux départements, dans une voiture trainée par un cheval qu'il avait affreusement mutilé : la pauvre bête avait les oreilles coupées, le front brisé, le dos déchiré de plaies larges et profondes, et l'arrière train couvert d'énormes brûlures ; et, dans cet état, elle était condamnée à trainer son maître d'auberge en auberge, à la vue d'un public indigné de ce scandale, et de la police réduite à l'inaction, faute de lois.

C'est là, sans doute, un fait isolé; mais d'autres faits analogues se présentent à tout instant. Il semble même que ce soient précisément les espèces d'animaux les plus utiles, les plus laborieuses, les plus patientes et les plus inoffensives, qui sont l'objet des traitements les plus durs et des plus grandes rigueurs. Ingratitude et lâcheté à la fois!

La plus humble, la plus sobre, la plus infatigable de nos bêtes de somme, en est aussi la plus rudement éprouvée, tandis que l'on se contente ordinairement du fouet pour stimuler le cheval. Plus grand et plus robuste, vous voyez chaque jour un rustre sans honte et sans cœur faire tomber sur un pauvre petit âne un lourd bâton manié à tour de bras : chaque fois que la massue s'abat sur la chétive bête, on s'attend à voir sa frêle charpente se briser sous le coup.

C'est ainsi que, parmi les animaux, si les uns sont exposés à de durs et cruels traitements, par suite du caractère de leurs maîtres, les autres y sont condamnés en masse, par suite de préjugés profondément enracinés dans les esprits vulgaires. L'homme leur attribue ses propres défauts, ou les leur donne par le vice d'une mauvaise éducation; puis, il les en rend responsables : à ses yeux, l'un est perfide, cruel, sanguinaire, féroce; l'autre est gourmand, lâche, paresseux; et tous, à ces titres divers, sont indignes de pitié. On les juge ainsi du moins, et on les traite en conséquence.

Mais ce sont là autant d'erreurs et d'injustices : « Calmes et purs, ces irréprochables enfants de Dieu, nos aînés dans la création, ont peut-être, dans leur silencieuse existence, mieux et plus fidèlement que l'homme conserve le cachet de leur divine origine; et tous, dans leur langage muet, protestent contre la barbarie de l'homme qui méconnaît, avilit, qui torture son frère inférieur ; ils l'accusent devant celui qui les créa tous deux. »

Regardez, ajoute l'écrivain plein de cœur , auquel nous empruntons, en partie , ces dernières paroles : « Regardez leur air doux et rêveur, et l'attrait que les plus avancés d'entre eux éprouvent visiblement pour l'homme; ne dirait-on pas des enfants dont une fée mauvaise empêcha le développement, et qui n'ont pu débrouiller le premier songe du berceau? Triste enchantement où l'être, captif d'une forme imparfaite, dépend de tous ceux qui l'entourent, comme une personne endormie. »

Une bonté suprême régle le destin du genre humain; et il n'est pas de plus noble mérite, de bonheur plus doux et plus durable que de coopérer à l'accomplissement de ses desseins. Tout s'enchaîne ici-bas, et ne peut-on pas dire que l'homme est à l'animal, ce que Dieu est à l'homme, au moins sous un certain point de vue? La bonté, l'humanité envers les animaux, tient plus qu'on ne pense à l'humanité en général : ceux-ci sont soumis à l'homme, comme le fils l'est au père, comme le serviteur l'est au maître. L'homme dur et sans pitié pour eux, le sera aussi pour les hommes confiés à son autorité et à sa protection.

Les plus grands criminels ont fait leur apprentissage en torturant les bêtes.

Les combats d'animaux, qu'on faisait s'entre-déchirer pour le plaisir de la foule, ont été la préface naturelle, l'antécédent logique et rigoureux des jeux sanglants du Colysée. N'est-ce pas à une école analogue que s'étaient formés les Cabochiens, les seize, les septembriseurs et tous ceux qui, dans nos troubles politiques, se sont rendus fameux par leur férocité ?

Plusieurs législateurs, soigneux de la moralisation des peuples, et frappés de l'influence funeste que doit exercer sur les hommes et avant tout sur les enfants, le spectacle habituel de la souffrance et du sang versé, ont prescrit des peines plus ou moins sévères contre ceux qui se rendraient coupables d'actes de brutalité ou de cruauté envers des animaux. L'aréopage punit de mort un enfant convaincu de s'être *amusé* à arracher les yeux à des oiseaux. La peine était excessive; mais, après tout, que pouvait-on attendre dans la suite de la vie d'un être aussi pervers?

C'est donc au nom de l'humanité outragée par le spectacle des sévices excessifs exercés envers les animaux, qu'il faut demander pitié pour eux; c'est aussi au nom des services qu'ils nous rendent, de leurs facultés qu'ils dépensent tout entières pour nous, de leur vie qu'ils nous consacrent; c'est enfin au nom de notre propre santé.

En effet, messieurs, si ces considérations toutes morales pouvaient paraître insuffisantes, il est un autre point de vue sous lequel cette question se présente; un point de vue qui frappera peut-être davantage quelques personnes, et qui se recommande d'ailleurs spécialement , qui s'impose pour ainsi dire à l'attention et à la sollicitude de l'autorité supérieure des administrateurs des villes, et de tous ceux à la surveillance desquels est confié le soin de la santé publique. Ce point de vue est celui de l'influence délétère et morbide que peut exercer sur le consommateur de viande l'état hygiénique de l'animal qui, avant d'être mis à mort, a été soumis à des sévices excessifs.

Il s'est formé à Munich une Société bavaroise pour la répression de ces sortes de sévices. Cette association a choisi dans son sein une commission composée de médecins, de vétérinaires, de naturalistes et d'administrateurs éclairés, avec la mission d'étudier la question du transport des animaux à l'abattoir, et de l'influence que peut exercer sur la santé, l'usage de la viande d'animaux liés et garrottés pendant le trajet. Cette commission s'est livrée à des expériences nombreuses et comparatives, et elle a constaté que cet usage barbare, qui subsiste encore chez nous, de transporter ces animaux vivants à la boucherie et aux marchés, attachés, garrottés des quatre pieds, couchés, entassés en grand nombre les uns sur les autres dans des voitures; leurs têtes pendantes, exposés ainsi, pendant un voyage plus ou moins long, au soleil, à la faim, à la soif, aux cahots continuels et prolongés ; que cet usage, disons-nous, exerçait sur la santé de ces animaux, et par suite, sur la qualité et sur les propriétés de la viande qu'ils doivent fournir, l'influence la plus funeste : qu'il déterminait des congestions vers le cerveau, des stases sanguines, des états apoplectiques, des gonflements aux pieds, et enfin une fièvre plus ou moins intense. Écoutez, en effet, quels cris de douleur, quels mugissements plaintifs , haletants , ces pauvres bêtes exhalent pendant leur voyage , sans boisson, sans nourriture aucune! Par suite de cet usage, la nourriture que l'on considère comme légère , et qui souvent est prescrite aux convalescents, aux personnes d'une santé délicate, le veau, par exemple, se trouve précisément dans des conditions maladives, propres à engendrer des accidents.

La commission bavaroise a fait, comme nous l'avons dit , des expériences comparatives sur des veaux transportés d'après cette méthode, et sur d'autres transportés libres et debout dans de grands chariots à compartiments multiples , où chaque animal était resté à l'air , avait de la paille pour se coucher et de l'eau pour boire ; elle est arrivée aux conclusions suivantes:

« Nous avons tous pu constater , dit-elle dans son rapport , que les veaux qui sont arrivés en liberté étaient tous dispos et bien portants, et ont fourni une viande blanche succulente, offrant de la consistance et un aspect appétissant, tandis que, au contraire, celle qui provenait de veaux qui avaient été liés s'est presque toujours trouvée de nature maladive, souvent même à l'état acide, flasque , et passant bien plus vite à la décomposition. Nous constatons que presque aucun des veaux liés n'arrive, surtout ceux qui ont été garrottés après un trajet de plusieurs lieues, sans être dans un état de fièvre plus ou moins prononcé. Enfin un même morceau de viande d'un veau sain pèse plus que celui d'un veau qui a été garrotté, ce qui est une conséquence des tortures éprouvées pendant la route.

Des milliers d'hommes de toutes conditions et de toutes les classes, sains et malades, depuis le roi jusqu'au mendiant, et particulièrement les habitants des villes, ajoute le rapport, sont trompés et consomment de la viande indigeste , malsaine et disposée à la corruption, parce que les animaux dont elle provient arrivent aux abattoirs, échauffés, harassés, dans un état de torture et de fièvre, enfin plutôt morts que vivants.

Frappés des conclusions de ce rapport, l'administration supérieure de la Bavière, pleine de sollicitude pour le bien-être matériel des populations, ainsi que le sont, en général, toutes les administrations allemandes, prescrivit des mesures que les bouchers s'empressèrent d'adopter, pour le transport des bêtes à l'état libre, dans des voitures cellulaires ; et, dès le début, les résultats les plus satisfaisants furent obtenus.

C'est ainsi que cette question si grave de l'humanité envers les animaux en est déjà venue, en Allemagne, à la période de la pratique et de l'application, et qu'elle fait l'objet de la sollicitude et des mesures du gouvernement.

La Société de Munich ne date encore que de quelques années, et grâce aux sympathies de tous les hommes sérieux qu'elle a su se conquérir , grâce au concours actif et intelligent que lui a prêté le gouvernement bavarois, elle s'étend de jour en jour dans l'Allemagne entière. 123 Sociétés succursales, comprenant près de cinq mille membres, se sont déjà ralliées à elle.

Toutes les administrations lui prêtent l'appui le plus empressé, chacune dans sa sphère. Le clergé de toutes les confessions a joint ses efforts à ceux de la Société. Les consistoires protestants ont invité leurs pasteurs à contribuer, par leurs discours et par leurs exemples, à répandre et à faire goûter les principes de la Société protectrice des animaux. Le clergé catholique a fait plus encore. L'archevêque de Bamberg a proposé pour sujet de thèse, dans ses conférences pastorales, la question des effets pernicieux des cruautés exercées par l'homme sur les animaux; et cette inspiration a produit les plus heureux résultats : le sujet a été traité en chaire et dans des écrits publiés, avec un zèle et un bonheur remarquables. Les archevêques et évêques de Munich, de Freysing, de Spire, de Wurtzbourg, d'Augsbourg ont recommandé aux ecclésiastiques de leurs diocèses respectifs, de propager par la parole et par leur exemple, les principes de la Société de Munich. Ces principes ont été accueillis et enseignés dans les séminaires, dans les colléges et dans les écoles.

La Société de Munich publie et répand dans toute l'Allemagne des mémoires, des livres et des gravures sur cette question, et cela avec un succès tel qu'elle a placé plus de cinquante mille exemplaires d'un mémoire de son secrétaire, M. Zægler, sur les devoirs de l'homme envers les animaux; et que plus de deux millions d'exemplaires d'une autre de ses publications ont été placés.

L'administration de Munich a rendu un arrêté portant que tout animal, quel qu'il fût, s'il est destiné à l'abattage, ne fût exécuté que par un boucher ayant fait ses preuves et excellent dans un mode d'abattage correct et prompt.

Le ministre de l'instruction publique du Hanovre a fait ouvrir des cours spéciaux, ayant pour objet d'éclairer les habitants et surtout la jeunesse, sur les sentiments de compassion et de justice dus aux animaux, comme étant des êtres animés et sensibles qui dépensent pour nous toutes leurs facultés.

Dans la Saxe entière et principalement dans le duché de Saxe-Alten-bourg, dont le souverain est le président de la Société de Munich, l'autorité, considérant qu'elle ne pouvait exiger de suite la construction des véhicules destinés au transport du petit bétail à l'abattoir, a prescrit, en attendant, les mesures suivantes :

1° De ne plus lier les veaux au moyen de cordes trop tranchantes, et de se servir de préférence de paille tordue, afin d'éviter de les blesser;

2° De ne plus lier ensemble que deux pieds, ceux de devant d'une part, et ceux de derrière d'autre part ;

3° De coucher les animaux à l'air sur de la paille, en ayant soin que la tête ne pende pas en dehors de la charrette.

Les magistrats de Mersebourg ont interdit, sous peine d'amende, d'entasser les animaux de boucherie sur des charrettes : tous doivent être menés en liberté dans des voitures, où ils puissent arriver à leur destination, sans avoir souffert aucune torture.

Des mesures pareilles ont été prises dans le Mecklenbourg et dans le Brandebourg; et la Société de Berlin a obtenu de la direction des chemins de fer, que dans les vagons à l'usage des animaux de la boucherie, ceux-ci trouvassent pendant tout le trajet de l'eau et du fourrage.

De son côté, l'Angleterre n'a pas cru que cette question fût indigne de son attention. Dès le commencement de ce siècle, un membre de la chambre des lords provoqua et obtint un bill, statuant des peines contre ceux qui se rendraient coupables d'actes de cruautés envers les chevaux.

Les autres animaux, moins heureux, n'avaient point encore paru au législateur dignes au même point de sa sollicitude; et l'Angleterre avait continué à offrir le triste et barbare spectacle des combats d'animaux. Cette lacune dans la législation anglaise a été comblée depuis.

La Société royale de Londres, établie pour la protection des animaux, a eu la satisfaction d'annoncer à ses membres que, presque partout dans les trois royaumes, on avait supprimé les combats de coqs, de chiens, de taureaux, etc. Des agents ont été envoyés par elle dans toutes les parties de l'Angleterre, pour consolider ces heureux résultats et pour veiller à la stricte exécution des lois protectrices des animaux.

Cependant la France, si jalouse d'exercer l'initiative dans toutes les mesures dignes de la civilisation du xixᵉ siècle, semble demeurer en arrière de l'Angleterre et de l'Allemagne dans cette question des sévices excessifs et scandaleux exercés envers les animaux. Elle a longtemps détourné les yeux de cette hommage rendu à la morale, non moins qu'à la justice; et ce n'est guère que depuis un petit nombre d'années, que des hommes de science, de cœur, ont enfin porté leur attention sur ce grave sujet, et ont flétri énergiquement ces crimes de lèse-nature.

Une Société s'est formée récemment à Paris, semblable à celle de Munich. L'honneur de l'avoir fondée appartient à M. P. de Cassel; établie sous les plus heureux auspices, accueillie avec faveur par le gouvernement, cette Société a vu une partie considérable de la presse s'associer à ses vues et à ses travaux.

Le 10 juin 1846, une députation de cette Société a été reçue en audience par M. le ministre de l'agriculture et du commerce, qui lui a promis de la part de son administration tout l'appui et tout le concours dont elle pouvait avoir besoin : il lui a donné l'assurance qu'il se chargerait de faire distribuer dans les comices et les Sociétés agricoles , les publications les plus utiles de la Société.

En présence de ces faits divers, nous avons pensé , messieurs , qu'il vous paraîtrait digne de votre humanité, de votre zèle pour les intérêts de l'agriculture et pour l'honneur du pays, de prendre dans nos deux départements l'initiative des mesures les plus urgentes pour la répression des sévices excessifs, scandaleux et dangereux pour la santé publique, qui ne sont que trop souvent exercés envers les animaux domestiques.

Cette initiative si utile et si belle peut revêtir les formes les plus diverses.

Presque tout est encore à faire en ce sens en France. Malgré le grand nombre de nos lois, il n'en est aucune qui protége les animaux contre les sévices excessifs; c'est là, nous ne craignons pas de le dire, au risque de provoquer le sourire de bien des gens, c'est là une lacune des plus regrettables dans nos Codes. Aux yeux de nos lois , l'animal est une chose dont le propriétaire peut user et abuser à son gré , pourvu qu'il ne nuise pas à autrui. La loi ne reconnaît que deux sortes d'êtres : la chose et la personne, c'est un tort sans doute : l'animal n'est ni une chose ni une personne ; il est un être intermédiaire qui tient de l'une et de l'autre. En tant qu'il est objet de commerce et qu'il est susceptible d'être une propriété, il tient de la chose; mais comme être doué d'intelligence et de sensibilité physique et morale, il participe de la personne, et doit jouir, dans une limite fort restreinte il est vrai , de quelques-uns des droits de la personne, c'est-à dire d'une certaine garantie contre l'abus de ses forces, contre les excès de la cruauté et de la brutalité de son maître, et surtout contre le scandale de ces abus exercés publiquement.

Il ne vous appartient sans doute pas, messieurs, de combler cette lacune dans notre législation; mais vous pouvez cependant, dans la limite de vos attributions, agir efficacement dans ce sens.

En premier lieu, en autorisant votre bureau à se mettre en relation avec la Société fondée récemment à Paris, et à lui envoyer le témoignage honorable de votre adhésion.

En second lieu, en usant de l'autorité de vos exemples et de vos paroles, comme chefs de famille et comme propriétaires , pour assurer aux animaux qui vous appartiennent votre protection, s'il en est besoin, contre l'abus de leurs facultés, contre la brutalité ou la cruauté de ceux auxquels vous les confiez.

En troisième lieu, en usant de la juste influence qui appartient à vos délibérations auprès de l'administration départementale, pour en obtenir qu'elle agisse à son tour près de l'administration municipale des diverses communes de la circonscription, aux fins de provoquer de leur part, dans la limite de leurs attributions, des mesures de police pour la répression des sévices excessifs exercées envers les animaux, surtout lorsque ces sévices causent scandale , ou peuvent être préjudiciables à la santé publique.

Nous avons l'honneur , messieurs , de vous proposer d'adopter ces conclusions de notre travail : nous serions heureux que vous voulussiez bien les accueillir favorablement.

Au nom de la commission nommée par M. le président du comice agricole de la plaine de l'arrondissement du Schelestadt, pour faire un rapport sur la question des sévices excessifs exercés envers les animaux.

Les membres de la commission :

Signes : VATIN et A. BICCHY, rapporteur, et MILSENBERGER.

Pour copie conforme :

Le président du comice agricole de la plaine de Schelestadt,

Charles DRION.

COMPTE-RENDU des travaux du Congrès central d'agriculture de France (session de 1847), lu à la Société protectrice, dans sa séance du 14 mai, par son délégué, M. P. DE CASSEL.

Mesdames et Messieurs,

Ayant eu l'honneur d'être désigné par le conseil d'administration, en qualité de délégué de notre Société, au Congrès central d'agriculture, il est de mon devoir de vous entretenir un instant au sujet des discussions graves, peut-être même un peu animées, dont, à cette occasion, ont retenti les voûtes de l'ancienne Sorbonne.

Nous ne pouvons, ici, passer sous silence cette grande et très-significative manifestation qui prouve, sans contredit, qu'enfin l'agriculture française veut sérieusement son émancipation; qu'elle cherche à reconquérir le rang et la place qui lui appartiennent de droit comme industrie-mère, en se dégageant des entraves où la retenait jusqu'ici l'esprit d'envahissement d'un commerce oppresseur, toujours si désireux de primer. — L'agriculture s'affranchira infailliblement de ses liens, si elle abandonne les erreurs de la routine pour prendre la voie du progrès. Sa marche, quoi que l'industrie agricole fasse aujourd'hui, ne laissera pas que d'être difficile, nous en convenons, parce que malheureusement elle s'est laissée devancer par l'industrie commerciale, et qu'en fait d'agriculture tout est, sinon à faire, du moins à refaire presque en entier en France ! Tant de choses reconnues utiles et mises en pratique avec succès ailleurs, où l'agriculture est considérée comme la première de toutes les industries, sont encore regardées par nos masses comme inutiles, souvent même comme ridicules. Cette lenteur dans le progrès, la tiédeur même avec laquelle est reçue la Société protectrice des animaux, n'est-elle pas une preuve trop certaine de ce que nous avançons?

Sans me préoccuper de l'idée d'être ou non critiqué par ceux qui penseraient que cette question est un hors-d'œuvre dans notre réunion et surtout devant des dames, je commencerai, au contraire, par réclamer auprès de vous, mesdames, en faveur de cette agriculture qui est la mère de toutes les prospérités humaines, et que l'antiquité, par cette même raison sans doute, n'a pas cru pouvoir mieux diviniser, qu'en lui donnant les traits d'une femme !

Permettez-moi , mesdames, de vous rappeler d'ailleurs que l'agriculture n'est pas à considérer purement comme un travail manuel ou comme une science qu'on n'exerce qu'au moyen de rudes travaux ; elle est aussi, prise dans de certaines limites , une occupation pleine de charme et d'agrément. — La culture des plantes, l'élevage des animaux, font en quelque sorte de l'homme un autre créateur qui, joignant son intelligence et ses travaux aux opérations régulières de l'organisme terrestre et de l'organisme animal , arrive à décupler même la valeur de toutes les productions de la nature. Et en dehors de ces considérations matérielles, l'agriculture est encore pleine d'attraits mystérieux et irrésistibles. Qui de nous, dans une promenade solitaire sur la montagne , au milieu d'un champ, d'un bois, d'une prairie , n'aura pas éprouvé quelquefois de ces émotions vives qui nous arrachent involontairement une larme, sans que nous puissions bien nous rendre compte de la mélancolie douce et contemplative qui nous saisit malgré nous ?... Jouissance inconnue à l'habitant des villes, toujours en proie à d'incessantes agitations ou bien à un ennui sans remède! C'est que loin du tourbillon des villes , le silence tantôt riant, tantôt majestueux de la nature, a son éloquence qui nous saisit et nous étonne ; il nous rend à nous-mêmes, et alors il nous donne aussi la faculté de mieux apprécier la grandeur du Créateur et de ses œuvres! Nous admirons et, involontairement, nous fléchissons le genou devant cette puissance divine partout présente, qui se révèle à notre esprit jusque dans la poussière, le *pollen* des fleurs qui, déplacé par un insecte, ou porté par le vent d'arbre en arbre, de branche en branche, de fleur en fleur, devient par un mélange, déterminé à l'avance dans la création , le germe qui féconde la plante et en perpétue l'espèce !

Je ne crois donc pas abuser de votre bienveillance , mesdames, en parlant ici des intérêts agricoles. Votre concours, votre appui, nécessaires à tout ce qui doit prospérer , me paraît devoir être, pour elle comme pour nous, un nouveau gage de succès !

Quant à nous, messieurs, nous avons à nous réjouir de voir prendre enfin un si noble élan aux propriétaires du beau sol de la France. — Le Congrès central vient de nous apprendre, d'une manière bien positive, que tous les regards se portent aujourd'hui avec une intelligente sollicitude sur notre agriculture, et que chaque jour lui garantira désormais un progrès. Cette grande manifestation de l'élite des agronomes français nous touche en particulier et de très-près : parce que l'existence réelle de la Société protectrice des animaux, ses succès, son influence, reposent, en premier lieu, sur les progrès de l'agriculture! Nos intentions ne seront réellement appréciées par tout le monde , nos principes ne seront mis en pratique par les habitants des campagnes, c'est-à-dire par vingt-cinq millions d'individus, que lorsqu'ils seront tous plus instruits, lorsqu'ils auront bien appris à reconnaître leurs véritables intérêts, lorsqu'enfin ils sauront apprécier mieux la valeur de la position sociale qu'il leur appartient d'occuper comme maîtres du sol, et toute l'influence qu'ils sont appelés à exercer sur le bien-être de tout le pays, comme moteurs du rouage principal des existences , comme créateurs et dispensateurs des ressources alimentaires, dont peuvent dépendre la *prospérité* ou *la misère de toute la nation!*

De ces graves considérations, il en surgit une surtout qui concerne plus spécialement notre Société et qu'elle doit s'appliquer à bien faire ressortir, précisément parce que, jusqu'à ce jour, cette question a été trop peu appréciée, ou même traitée d'une manière fausse et incomplète.

Je veux parler de *l'état plus ou moins satisfaisant de nos animaux domestiques* et de *leur nombre en France*.

A ce propos, permettez-moi de rappeler ici un proverbe qui, dans sa rusticité, renferme un sens très-vrai et de la plus haute importance pour l'industrie agricole en général :

« Un tas de fumier, c'est un tas de blé »

dit ce proverbe; et, en effet, sans une certaine quantité d'animaux bien choisis, convenablement nourris et surtout bien traités, l'état florissant de l'agriculture devient impossible, et jamais elle ne suffira à alimenter les trente-cinq millions d'hommes dont elle est la mère nourricière!

J'aurais préféré voir traiter cette importante question, sous ce point de vue au Congrès. Mais tout entier à l'impatience de conquérir du terrain, en arrachant vivement certaines entraves qui s'opposent encore à l'essor de l'agriculture, préoccupés surtout de la crainte, peut-être un peu exagérée, d'une disette, et limités d'ailleurs par la courte durée du Congrès, ses membres n'ont pu s'occuper que des questions principales du moment, sans trop s'arrêter aux détails. — La question des subsistances a été traitée avec talent, d'excellents conseils ont été donnés, de très-nobles et patriotiques sentiments se sont manifestés à la tribune; toutefois, loin d'être vidée, elle est restée dans un vague de discussions, de propositions, d'amendements stériles, qui ont empêché le Congrès de réussir à mettre sous les yeux du gouvernement, qu'il a mission d'éclairer, un plan net et précis pour mieux assurer désormais les ressources alimentaires de la grande famille française!

Il y aurait, du reste, tout un volume à faire à ce sujet, et je ne me chargerai pas de cette tâche difficile. Espérons que nos grands économistes, dont plusieurs perdent un temps précieux à rêver au libre-échange, seront bientôt désillusionnés à son égard, pour s'occuper de travaux plus pressants, plus utiles, en établissant un *nouveau mode d'alimentation* à introduire en France. — Le peuple, en général, se nourrit mal chez nous; il mange peu, et le peu qu'il consomme est souvent même falsifié, indigeste, ne rassasie pas et encombre plutôt les intestins qu'il ne profite au corps : tel est le résultat d'une nutrition végétale, dont on fait assez généralement abus en France. Elle devrait être remplacée par une *nourriture animalisée*. Or, pour opérer cette amélioration, il faut arriver nécessairement à augmenter le bétail, et, pour cela, il faut commencer par le *mieux soigner*, le *mieux nourrir*, le *mieux traiter*! — Sous l'influence d'un traitement hygiénique, sagement combiné avec les intérêts de l'économie rurale et de la boucherie, traités avec douceur et patience, à l'abri de tout mauvais traitement inutile, les animaux se porteront mieux; ils engraisseront plus vite, et le profit qu'on en retirera sera toujours bien plus considérable pour le propriétaire bon, intelligent, que pour le *propriétaire brutal et avare*!

Notre intervention est donc ici absolument nécessaire. Vous voyez, messieurs, que le pays est même en droit d'attendre de la Société protectrice des animaux, qu'elle intervienne pour prévenir, de son côté aussi le retour des crises semblables à celle qui vient de jeter le trouble et la terreur parmi des populations jusque-là paisibles, dont les passions ne se seraient point éveillées, dont les excès n'auraient point fait des victimes pour l'échafaud, sans une préoccupation fatale, *escortée*, comme l'a si bien dit notre honorable collègue M. Hamont, d'une *figure hideuse:* LA DISETTE!...

Une disette en France! Une disette dans le pays le plus favorisé de la nature; dans le pays où l'intelligence s'est fait un trône d'où elle commande à l'univers moral! sur un sol dont la fertilité et le climat font envie aux nations voisines qui, moins favorisées, ont su pourtant se créer des ressources plus solides dans leur agriculture, en se ménageant un bétail plus nombreux et meilleur, au moyen des principes que nous cherchons à faire prévaloir en France, c'est-à-dire en soignant et en traitant *mieux les animaux*.

A propos de cette amélioration si désirable pour les animaux agricoles, disons un mot du sel.

Cette question, quoique fort à l'ordre du jour et si importante en effet, n'a point été saisie, selon nous, sous son véritable point de vue d'utilité en économie rurale. La chimie l'a combattue; un de ses représentants même, dans un but qui nous a semblé quelque peu égoïste, a voulu ravaler les avantages du sel pour les animaux; il a beaucoup parlé au Congrès d'une autre substance, de la soude : « Le sel, a-t-il dit, ne peut servir à l'amendement des terres, les sels azotés sont seuls utiles. » D'autre part, les agriculteurs semblent voir dans le sel un moyen universel et infaillible d'engraissement. Il y a là exagération. Dans l'engraissement, le *sel aide à l'effet, mais il n'est pas la cause.*

Selon nous, il est plutôt un *auxiliaire hygiénique*, en même temps qu'une *substance diététique*, regardée par les agronomes hollandais, allemands et anglais, comme indispensable à la santé des animaux domestiques, surtout dans les contrées basses et malsaines. En ce sens, la Société doit donc aussi appuyer la demande de l'abolition de l'impôt du sel, qui a trouvé un zélé défenseur dans notre honorable collègue M. Demesmay, député du Doubs.

A cette occasion, nous signalerons à votre attention un travail fort intéressant sur l'effet du sel et ses rapports avec l'engraissement chez les moutons, travail présenté au Congrès par notre honorable vice-président, M. Dailly, auquel l'agriculture française est déjà redevable de tant de travaux utiles et consciencieux, et dont le nom figure partout où il s'agit de remédier aux souffrances de notre industrie agricole.

Comme le sel, donné trop largement aux animaux, leur est plutôt nuisible qu'avantageux, il est encore du devoir de la Société de bien faire comprendre aux agriculteurs que les capacités à l'engraissement dépendent en général de la race ; que la quantité de nourriture nécessaire à l'entretien de l'animal doit se régler d'après sa taille, ou plutôt d'après son poids; que ces capacités dépendent ensuite de l'âge, du sexe de l'animal et du genre d'exercice auquel on le soumet. Mais par-dessus tout, amenons-les à comprendre que la première de toutes les conditions de santé pour l'animal, c'est une habitation saine, une nourriture régulière, suffisante, et à rations bien calculées. Sous ce rapport, combien les animaux ne sont-ils pas *indirectement* maltraités dans nos campagnes!... C'est à ce point de vue que l'infériorité de nos agriculteurs est incontestable, vis-à-vis ceux de quelques autres pays, où l'attachement pour les animaux va quelquefois jusqu'à l'exagération; tandis qu'en France, on nuit ouvertement au développement de cette branche de richesse agricole par des principes tout à fait contraires, c'est-à-dire par une insensibilité qui touche quelquefois de si près à l'ignorance et à la brutalité qu'on est aussi honteux qu'affligé de devoir en convenir...

La question des abattoirs, qui ne doit pas moins occuper notre Société, a fixé aussi un instant l'attention du Congrès agricole. Mais on l'a traitée plutôt sous un point de vue économique ou de liberté commerciale, et non pas en vue des animaux de boucherie mêmes, ni de la manière dont ils doivent entrer dans l'alimentation de la population, point essentiel cependant et que la Société protectrice devra approfondir dans l'intérêt de l'économie alimentaire, de l'hygiène publique, ainsi que de la boucherie.

Il me reste à vous rendre compte de l'ensemble de la discussion relative à l'amélioration directe du bétail. Le mot *amélioration*, qui signifie à la fois perfectionnement de l'espèce et augmentation des individus, vous indique tout d'abord, que nous sommes là sur notre véritable terrain, et que je ne pourrais guère me dispenser de vous faire connaître ici, sans trop les approfondir toutefois, les propositions du Congrès. La Société protectrice des animaux, appelée à veiller à leur bien-être dans l'intérêt de l'homme, doit prendre acte des vœux émis à cet égard par le Congrès, parce qu'ils peuvent servir à étayer nos propres travaux, en nous frayant une route bien déterminée pour arriver plus directement à notre but.

Quant au *perfectionnement* des races, on peut tirer de la discussion du Congrès cette conséquence : qu'enfin l'engouement déplorable des croisements inintelligents est reconnu aujourd'hui par le plus grand nombre de nos agronomes, comme la cause première de notre insuccès, et qu'en n'y mettant pas promptement un terme, on opérerait bientôt l'anéantissement complet de nos belles races françaises. *Croiser mal à propos*, c'est à la fois *maltraiter* les animaux et nous priver nous-mêmes de bonnes espèces indigènes; car les croisements ne produisent trop souvent que des organisations incomplètes et chétives, dont l'individu, mal organisé, subit lui-même en premier lieu les tristes conséquences : il est traité sans aucun ménagement, quelquefois même relégué, abandonné impitoyablement; par suite, il sert de plus mal en plus mal, et ne peut à son tour produire rien de bon. — Sous ce double point de vue de *compassion* pour l'animal et *d'intérêt pour l'homme*, la Société nous paraît donc agir parfaitement dans l'esprit de son institution, en s'élevant avec le Congrès agricole contre l'abus des croisements et surtout *contre l'introduction du sang étranger dans nos bonnes races locales.*

Je suis heureux d'avoir à reproduire à ce sujet, devant vous, des vœux analogues émis au Congrès, qui a couvert d'applaudissements la voix de notre collègue, M. le marquis de Travanet, lorsqu'il s'est écrié avec l'accent d'une conviction toute patriotique : « Il faut le dire bien haut, messieurs,

» afin que tout le monde l'entende, la France n'a rien à demander à
» l'étranger ! Avec son beau ciel, son territoire fertile et tous les élé-
» ments de prospérité renfermés dans son sein, elle serait, quand elle le
» voudrait, la première nation agricole du monde entier ! — Le remède
» est facile, tout agriculteur l'a sous la main : MIEUX TRAITER, AMÉLIORER
» et AUGMENTER le nombre de nos produits indigènes. C'est là le remède
» qui est à la portée de tout le monde et dont personne ne profite ! »

L'espèce ovine a été l'objet d'une longue discussion. Il en est résulté
un tableau tellement affligeant d'insuffisance, que je crois mieux faire
de ne vous en rien dire du tout !

L'état de l'espèce bovine est plus satisfaisant. Il est certain, que la France
peut se vanter de posséder les meilleurs espèces de bétail; aussi le Congrès a-t-il fait prévaloir la *préférence* à donner à nos *espèces indigènes*
sur certains animaux étrangers qui coûtent fort cher, et dont les produits sont cependant loin de valoir les nôtres.

Enfin, pour ce qui concerne les chevaux, le Congrès a maintenu les
sept articles proposés dans la session précédente, en y ajoutant le vœu :
« Que le ministre de la guerre prenne toutes les mesures nécessaires
» pour restreindre et faire cesser les achats de chevaux à l'étranger. »

Notre collègue, M. le général, comte de Girardin, a fait observer avec
raison que le cheval agricole doit être également propre à la guerre.
Pour cela, il demande qu'on remplace nos chariots monstres, véritables
instruments de supplice pour nos chevaux, par des véhicules de construction plus légère, et qu'on s'occupe plus sérieusement d'améliorer les
chemins agraires : « C'est ainsi, a-t-il dit, qu'on améliorera les races
» chevalines. » Nous regrettons pourtant, qu'en sa qualité de membre
de la Société protectrice, l'honorable général n'ait pas ajouté : « Et, en
» demandant au gouvernement d'établir une LOI qui préserve les che-
» vaux des mauvais traitements que leur font subir trop souvent les
» gens auxquels on les confie, qui les assomment ou les tuent même à
» coups de couteau, lorsqu'ils fléchissent sous une charge presque tou-
» jours au-dessus de leur force ! »

Si je ne craignais d'éveiller certaines susceptibilités, je n'hé-
siterais pas à placer dans la même catégorie de *persécuteurs des animaux*, tous ceux qui se font quelquefois, sans savoir trop pourquoi, les
ardents prôneurs des courses à l'anglaise!... Pour l'instant, je n'en dirai pas davantage. La Société aura à s'en occuper et à les combattre.
Quand le moment sera venu, il ne lui sera pas difficile de démontrer
que les *courses à fond de train* ne sont qu'un jeu barbare. Quant à leur
nullité comme encouragement au progrès et à l'amélioration de nos
chevaux, le Congrès s'est chargé d'en faire amplement justice : il a demandé qu'on les remplaçât par d'autres épreuves plus rationnelles de
vitesse et de force, c'est-à-dire par des *courses au trot et au trait*. — Ren-
dons encore ici justice à la sagesse du Congrès. Ses membres ont fort
bien compris que c'était abuser des fonds de l'État, que d'encourager un
système d'épreuve basé sur l'*erreur* et la *fraude*, qui loin d'améliorer
nos chevaux, les ruine au profit des étrangers et au grand détriment de
l'industrie chevaline nationale !

En résumé, le Congrès central d'agriculture de France est une institution grande et utile; mais qui a besoin encore de se développer, de grandir, pour atteindre complètement son but. Aussi la Société protectrice a-t-elle beaucoup à espérer de ses résultats qui sont si parfaitement en harmonie avec les résultats qu'elle provoque, de son côté, par le principe de son institution !

Vous le voyez donc, messieurs, plus notre Société avance, plus le cadre de ses attributions s'élargit, plus notre tâche s'agrandit et se complique, en se rattachant à tous les intérêts de l'agriculture et même à ceux de l'humanité tout entière. Apportons-y donc chacun notre part de savoir, de bonne volonté et d'influence. Tâchons d'être forts de notre union et de nos convictions, pour consolider notre œuvre si heureusement commencée, et qui, à peine créée, a su déjà mériter la confiance et les encouragements du gouvernement, ainsi que d'une bonne partie du pays et des pays voisins.

En cherchant à améliorer le sort des animaux, nous travaillons directement dans l'intérêt de l'humanité! C'est là un principe qu'il faut nous attacher à faire bien comprendre. — En apprenant à l'homme à exploiter avec plus d'intelligence et sans abuser de sa supériorité les dons de la nature, la Société protectrice des animaux demande une chose plus profitable aux intérêts de tous, et en même temps plus conforme à l'esprit chrétien !

Rapport de la commission nommée dans la séance du 14 mai 1847.

Mesdames et Messieurs,

Dans votre dernière séance, vous avez nommé une commission chargée de rendre plus facile la mission généreuse que votre Société s'est imposée. Une communication de M. Maubertier, l'un de nous, avait motivé la proposition sanctionnée par votre vote ; mais le temps avait manqué pour lui assurer des conditions d'avenir et de bonne fonction. Cette lacune demandait à être remplie, et c'est pour y arriver, que les membres de cette commission viennent vous soumettre un premier travail d'organisation, et vous demander de compléter une œuvre dont la Société doit se promettre d'heureux résultats.

Nous venons, en conséquence, vous entretenir du caractère que cette commission doit avoir vis-à-vis la Société et dans sa mission au dehors. Nous avons à établir quelles doivent être la nature et l'étendue de ses fonctions, comme aussi celles de ses rapports avec l'autorité. Ces considérations nous semblent devoir être étudiées, afin que votre commission trouve dans une organisation convenablement développée la force nécessaire pour bien remplir son mandat et surmonter les nombreuses difficultés inséparables de la nature même des choses.

L'organisation de la Société protectrice, le but qu'elle se propose, tout en laissant à chacun la pleine liberté de ses actes, ont besoin que son existence, sa vitalité se manifestent dans une sorte de pouvoir exécutif en même temps que son bureau en représente la pensée et l'élément organisateur. Nous avons à réclamer ici l'indulgence d'une partie de l'assemblée pour ce que notre travail aurait de trop sérieux; notre excuse sera dans la nécessité où nous sommes d'aborder quelques détails de principes.

La Société s'est proposé pour but une donnée bien simple en apparence, mais les moyens d'y arriver ne le sont pas autant. Destinée à agir sur un public très-peu accessible aux idées d'ordre et de morale, elle croira souvent nécessaire de provoquer chez l'autorité une action répressive que les mœurs actuelles et l'état de notre législation rendent chaque jour plus difficile à exercer. Nous devons donc toucher en passant quelques questions d'économie sociale pour mieux apprécier les obstacles que nous allons rencontrer, car leurs causes ont une gravité dont pendant longtemps encore, il sera difficile de diminuer la fâcheuse influence.

Dans une contrée voisine de la France, en Angleterre, un citoyen a toujours qualité suffisante pour provoquer le redressement d'une infraction à la loi. En France, malheureusement, il n'en est pas ainsi, et sans trop appuyer sur les causes de cette différence, disons que chacun, chez nous, peut commettre impunément tout le mal sur lequel la loi ne s'est pas expliquée, sans craindre une législation muette sur les sévices exercés contre les animaux, sans respecter un pouvoir qui se reconnait désarmé. Il y a plus; sous le bénéfice d'une législation absente et d'une jurisprudence peu rationnelle, l'intervention libre d'un citoyen, dans la répression d'un fait de cruauté, lui sera presque toujours imputée à mal. Heureux si, exposé à des injures grossières, il ne les a pas repoussées; plus heureux, si le magistrat, après lui avoir laissé entrevoir le danger d'intervenir dans une affaire qui ne le concerne pas, en usurpant les fonctions du ministère public, n'a pas considéré en définitive sa présence comme une provocation. Nous croyons inutile d'insister sur ce point ; les étrangers auront peine à croire de semblables faits exacts, lorsqu'ils n'ont que trop de réalité pour nous.

La légalité nous tue, disait, il y a quelque temps déjà, un député à la tribune. Il y a bien du vrai dans cette boutade si diversement interprétée, alors qu'elle échappa. Pour nous, en ce qui concerne les sévices exercés contre les animaux, nous ne craindrons pas de le dire aussi : *Oui! la légalité nous tue !* Si l'on demande quelle est, sur ce point, l'influence des 60 ou 80,000 lois décrétées depuis cinquante ans, nous répondrons que, à la condition de ne pas obstruer la voie publique, un homme peut tuer son cheval, égorger en pleine rue le veau qui lui appartient, sans que l'autorité croie devoir intervenir. *La loi est muette*, dit-elle, *le pouvoir est désarmé*. Cette situation est-elle tolérable, et n'aurions-nous obtenu de tant de luttes entreprises au nom de la liberté, que la liberté de faire le mal, la seule que certaines gens semblent comprendre, et dont le pouvoir ne saurait tolérer les écarts, sans compromettre l'ordre public et sa propre existence?

Une circonstance remarquable, au reste, c'est que l'homme qui viole journellement les lois les plus simples de l'humanité, veut trouver dans les restes de la législation romaine qui subsistent dans nos codes, une protection efficace, et, au besoin, des dispositions menaçantes contre tout attentat à ce droit de vie et de mort sur un animal. *Le droit de propriété*, disent ces hommes, et avec eux les légistes plus familiers avec le code qu'avec la morale, *le droit de propriété est le droit d'user et d'abuser.* *Un animal devenu ma propriété est ma chose, j'ai le droit d'en user comme il me plaît.* Comme si un droit écrit pouvait prescrire contre le droit naturel; comme si les droits de la civilisation chrétienne devaient toujours s'abaisser devant les prescriptions d'une civilisation éteinte et la législation d'un peuple à esclaves? A quoi bon suivre le développement de cette proposition? L'existence seule de votre Société n'est-elle pas une protestation vivante contre ce reste de barbarie, ce monstrueux abus de la force? Cependant, il ne suffit pas que cette protestation existe; il la faut efficace, et après vous avoir montré qu'elle le serait difficilement vis-à-vis le peuple, il faut que nous sachions si, quand l'autorité s'abstient, elle méconnait les lois d'humanité qui nous guident, ou si la prudence ne lui prescrit pas cette réserve et ne l'oblige pas à vous dire : *Je suis l'expression de la loi; que la loi parle, j'agirai.* Cette explication nous paraît la seule vraie, la seule rationnelle.

Il devient dès-lors nécessaire de réunir tous les moyens susceptibles de nous assurer, à une époque plus ou moins rapprochée, une position assez forte dans l'opinion publique pour provoquer la législature à une décision conforme aux lois d'humanité et aux sentiments de religion qu'une sociabilité intelligente reconnaît seuls dignes de l'homme civilisé.

Nous avons dit que l'action de la Société protectrice sera difficilement efficace dans les commencements, et que l'on ne croie pas cette vérité applicable seulement au peuple, elle l'est bien plus peut-être à ce qui n'est pas peuple. Si, d'un côté, un homme que son nom, sa grande fortune, un titre même distinguent parmi les hommes d'un ancien ordre social, s'est refusé à faire partie de la Société, *parce que*, disait-il, *son principe est de traiter durement les animaux dont il se sert;* d'un autre côté, MM. les membres du bureau savent quelles réponses entachées d'un égoïsme inintelligent et brutal a provoqué l'envoi d'une circulaire annonçant la formation de la Société à des personnes que leur position, leur fortune appellent à représenter le pays ou à nommer ses représentants : nous ne parlons pas ici des sous-ordres, chaque jour nous révèle ce dont ils sont capables. Devons-nous donc, en présence de ce qui est, désespérer de l'avenir moral du pays? Non, messieurs, et si telle était notre pensée, nous abdiquerions, dès aujourd'hui, des fonctions qu'il ne nous serait pas donné de remplir avec fruit.

Il existe cependant des hommes dont l'organisation heureuse ne participe pas de la dureté qui caractérise les habitudes de la majorité; la lettre que vous lisait dernièrement M. Maubertier a dû vous apporter de douces consolations. Ceci considéré, quel sera le rôle de votre Société et particulièrement de votre commission? Assurément, vis-à-vis les hommes qui ont conservé un cœur droit et d'honorables sentiments de mansuétude envers les animaux, la mission sera facile; ces hommes viendront au-devant de vos avis; loin d'en avoir besoin, ils seront les premiers à vous encourager. Mais vis-à-vis ces hommes positifs qui ne comprennent et ne veulent qu'une liberté absolue prise dans sa plus rude acception; qui, sans être tout à fait aussi Romains que ceux des mauvaises époques de notre histoire, profitent de ce que nos codes renferment encore de législation romaine pour torturer impunément des animaux qui sont leur propriété; quelle sera l'attitude de la Société et de la commission? Quels rapports seront utiles et possibles avec l'autorité placée dans la situation que nous venons de dire? C'est ce qu'il importe d'examiner.

La position que la Société occupe vis-à-vis le pouvoir, les encouragements que M. le ministre de l'agriculture et du commerce a jugé convenable de lui accorder, les rapports, avec le magistrat qui dirige la police et lui imprime un caractère si honorable, tout nous donne l'assurance que nous serons compris et que nos efforts ne seront pas interprétés comme une tendance à faire de l'opposition systématique, ou un essai pour rallier des résistances dans un but plus ou moins politique. Cette pensée est trop loin de nous pour qu'il soit nécessaire d'insister. Avec la possibilité de modifier légalement ce qui est, notre mission est de nous rapprocher du pouvoir, non pour l'inquiéter, mais pour qu'il s'assure de trouver en nous, dans notre opinion, qui finira par devenir l'opinion générale, une puissance prête à l'aider dans tout ce qui sera entrepris pour la moralisation du pays.

N'allons pas cependant nous faire illusion. Par une fatalité qui pèse aussi sur notre pays, les tendances du pouvoir sont à l'isolement. Serait-ce qu'appréciant, à un point de vue exceptionnel, certaines causes des événements accomplis, il craint de compromettre sa force et son existence en permettant à de simples citoyens de coopérer au maintien de l'ordre et au rappel à la moralité dans les masses? Malheureusement les faits journaliers semblent justifier ces appréhensions, en montrant ses agents obligés de temporiser, de fléchir trop souvent devant ces masses, parce qu'ils rencontrent une répulsion presque instinctive qui les accompagne jusqu'au pied du tribunal. Qui de nous n'a pas vu cette répulsion se produire contre les agents du pouvoir alors qu'ils avaient manifestement raison? Cet état de choses est très-réel et très-fâcheux; il justifie jusqu'à un certain point la réserve que s'impose l'autorité. C'est à nous, c'est à notre Société qu'il appartient de prendre l'initiative dans cette circonstance. Comme citoyens, comme hommes, nous devons venir en aide au pouvoir, de manière à ce qu'il cesse de voir en nous des adversaires, et il cessera d'en voir lorsque la loi nous permettra, en signalant les infractions aux agents de l'autorité, d'intervenir au procès-verbal et de continuer jusque devant le magistrat l'appui moral de notre intervention. En même temps que le pouvoir y trouvera une force méconnue jusqu'ici, l'opinion publique, le voyant sortir de son isolement pour accepter le concours de simples citoyens, se modifiera forcément et cessera de voir des ennemis dans les hommes que la loi prépose au maintien de l'ordre. Nous croyons que cette heureuse alliance sera du plus grand effet sur les masses, et que le gouvernement comme le pays en obtiendront des résultats très-satisfaisants.

Nous vous disions, en commençant, que l'Angleterre était plus avancée que nous, c'était annoncer que nous aurons plus de peine à surmonter les obstacles dont une partie est déjà prévue. Ne croyez pas, au reste, que la Société protectrice de Londres n'ait eu qu'à se constituer. Avec une législation plus favorable dans son ensemble, avec l'avantage inappréciable de l'initiative reconnue à tout citoyen, combien d'années, combien de persévérants travaux se sont accumulés avant qu'on ait pu obtenir le *Martin's Act* (la loi de Martin), et faire sanctionner par la loi du pays l'obligation de respecter, jusque dans les animaux, les sentiments d'humanité qui devraient être la règle de tous.

Ce précédent établi, l'amélioration légale a marché rapidement. Eh bien! ce qu'on a fait près de nous, qui nous empêche de le faire? Remarquez bien qu'en vous parlant ainsi, nous n'avons pas la pensée d'offrir à votre imitation des mœurs étrangères : c'est parce que les actes conservateurs de la moralité, chez nos voisins, sont bons et moraux essentiellement, que nous croyons devoir vous les proposer.

Ainsi comprise, notre position sera, vis-à-vis l'autorité, une position de confiance qui lui permettra de reconnaître en nous de patients et sérieux promoteurs du progrès appliqué à la moralisation des masses. Nous saurons donc nous renfermer le temps nécessaire, dans le rôle d'observateurs, pour signaler avec mesure, dans les limites de la loi écrite, les infractions à la loi de civilisation qui n'est pas encore écrite; mais surtout, nous devrons savoir attendre jusqu'à ce que nos travaux aient réuni assez de preuves du trouble apporté à l'ordre et à la morale publique, assez d'éléments de conviction pour que l'opinion se forme, grandisse et se produise puissante à la chambre des représentants, jusqu'à ce qu'une loi régularise notre intervention dans une sorte de surveillance que l'administration ne peut encore reconnaître officiellement. Le mandat de votre commission se bornera dès lors, et jusqu'à nouvel ordre, à résumer les faits de sévices venus à sa connaissance, ou communiqués par les membres de la Société. Un compte-rendu sera déposé chaque mois sur le bureau pour être lu et discuté, s'il y a lieu, dans l'une des séances suivantes.

Nous espérons que, en réponse à la demande qui lui sera adressée, M. le préfet de police voudra bien autoriser, pour en tenir tel compte qu'il jugera être bon, la remise à son cabinet ou au bureau qu'il désignera, d'un résumé trimestriel des rapports de la commission. La publicité viendra, de son côté, accroître peu à peu cette influence, et, comme vous resterez étrangers à toute politique, aucune interprétation ne viendra changer le caractère de vos travaux et paralyser vos efforts. Le terrain gagné s'affermira ainsi chaque jour sous vos pas.

Votre commission, résumant son travail, exprime à la Société ses remerciements pour l'honorable confiance qui lui est accordée.

Elle pense que, pour donner plus de consistance à ses travaux, il est utile que la commission reçoive la désignation de : *Commission permanente de la Société protectrice des animaux.* Le nombre de *trois* membres a paru insuffisant, parce qu'en cas d'absence ou d'empêchement de l'un des membres, l'autorité des délibérations éprouverait un affaiblissement considérable. La commission demande que le nombre des membres soit porté à *cinq* ou à *sept*, avec renouvellement intégral ou partiel après une période indiquée.

La commission pense que des démarches devront être faites près de M. le préfet de police pour le prier de prendre connaissance des motifs qui, après avoir amené la création de la Société, la dirigent encore dans l'adoption du plan qu'elle se propose de suivre ensemble ; de la déclaration de principes relative à ses rapports avec l'autorité, afin que celle-ci ne puisse en prendre aucun ombrage ; enfin, pour que ce magistrat veuille bien autoriser, à titre de simple dépôt pour servir de renseignement, la remise des rapports trimestriels, jusqu'à ce que les lois et ordonnances heureusement modifiées permettent à nos efforts de se joindre à ceux de l'administration.

La commission actuelle attendra que l'adjonction des membres qu'elle réclame lui permette de travailler à son organisation intérieure. Ses travaux vous seront soumis au fur et à mesure, afin que nous ne cessions pas un instant d'être l'expression véritable d'une Société à laquelle chacun de nous se félicite d'appartenir.

MAUBERTIER, SAILLET, J. DE NEUVY, rapporteurs.

M. *Maubertier* proposait, dans la séance du 14 mai 1847, un moyen de réprimer les mauvais traitements exercés par certains charretiers ou cochers sur les chevaux qui leur sont confiés. Ce moyen consiste à prévenir immédiatement le propriétaire du cheval, et à l'appui de sa proposition l'honorable membre communiquait à la Société la lettre qu'on va lire et qui lui était adressée en réponse à une démarche semblable faite par lui.

Paris, le 22 avril 1847.

Monsieur,

« Nous vous remercions sincèrement de l'avis que vous nous donnez de la brutalité de l'un de nos charretiers, et nous allons prendre les mesures qui pourront éviter de sa part de pareils traitements.

» La Société à laquelle vous appartenez, monsieur, se placerait bien haut dans l'opinion publique, si tous ses membres remplissaient avec autant de ponctualité les devoirs qu'ils se sont imposés. Veuillez croire à toute notre gratitude pour le service personnel que nous rend votre avis. — Recevez, monsieur, nos salutations bien empressées,

» NOIROT et BADOIS. »

Plâtriers.

TRANSPORT DES ANIMAUX DE BOUCHERIE. — Le public sait déjà que la Société s'occupe avec une grande sollicitude de cette question. Elle est entrée, à cet égard, en rapport avec le syndicat de la boucherie de Paris, avec la direction générale des halles et des marchés, et même avec M. le préfet de police. Des communications d'une haute importance lui sont adressées sur le même sujet par la Société royale de médecine de Caen, par l'intermédiaire de M. Seminel ; d'autres lui sont venues de l'Angleterre et de l'Allemagne. En attendant que cette grave question, qui intéresse tout le monde, s'élabore au sein de la Société, d'accord avec les autorités compétentes, nous donnerons ici un rapport fait sur un nouveau genre de voitures inventées par M. Fusz, et destinées au transport des animaux de boucherie amenés en liberté. Ce rapport a été fait et présenté à la Société protectrice, dans sa séance du 14 mai 1847, par M. CLAUDEL, ingénieur civil.

Persuadé que ce n'est qu'en mettant à la disposition de la Société protectrice des animaux, toute invention nouvelle tendant à supprimer les abus que trop souvent l'on fait de la force et de la faiblesse des animaux, qu'elle atteindra plus rapidement le but honorable qu'elle s'est proposé, M. Fusz vient soumettre à son appréciation un système de voiture destiné à diminuer considérablement les souffrances des animaux et les accidents auxquels ils sont soumis pendant leur travail.

La voiture est sans contredit une des machines les plus importantes créées par l'homme; elle lui facilite sa tâche, en lui permettant d'y faire contribuer la force des animaux; elle ajoute puissamment à son bien-être, en lui permettant de faire même de longs voyages sans beaucoup de fatigue. Quelle que soit l'importance de la voiture, elle a rarement été un sujet d'étude sérieuse de la part des savants mécaniciens. Les personnes qui se sont occupées de la fabrication ont toujours cherché avec un soin particulier à joindre le luxe au confortable, et ils ont atteint leur but; mais ce qu'ils ont trop souvent négligé et qui est cependant un élément très-important, est de ménager la force des animaux. Ce qui est pour les voitures de luxe a été bien dépassé encore pour celles de roulage ; dans les premières, des hommes capables sacrifient souvent les forces des chevaux au luxe et au confortable; dans les secondes, construites généralement par des routiniers, les animaux sont sacrifiés à un peu d'argent économisé dans la construction de la voiture, économie bien mal entendue ; car combien de fois est-elle compensée par l'excès du travail qu'il faut dépenser d'une manière permanente pour traîner la voiture.

Hâtons-nous de dire que M. Fusz avait bien compris que la voiture ne devait pas seulement diminuer la tâche de l'homme et ajouter à ses jouissances, mais aussi utiliser le mieux possible la force si précieuse des animaux. C'est en partant de là, que depuis plus de vingt ans il a sacrifié sa fortune et son travail pour apporter des perfectionnements bien entendus aux voitures. Ces améliorations consistent :

1° Dans un système de ressorts de suspension à plusieurs foncettes , dans lequel le nombre de feuilles d'acier qui travaillent étant toujours en harmonie avec le poids de la caisse, la voiture est également douce sous toutes les charges , avantage que n'ont pas les ressorts ordinaires.

2° Dans une disposition de voiture de roulage à deux roues, qui permet de mettre la caisse de la voiture et par suite la charge en dessous de l'essieu. Cette disposition a plusieurs avantages : d'abord la caisse étant près du sol, le chargement et le déchargement en sont faciles ; de plus, lorsque le cheval vient à s'abattre, la charge ne se projette pas sur lui pour l'écraser comme quand le chargement est au-dessus de l'essieu ; au contraire, considérant l'essieu de la voiture comme étant l'axe du levier, représenté par la caisse, le cheval venant à tomber, une partie de la caisse et de sa charge vient agir sous le levier du côté opposé au cheval, de manière à tendre à le relever. Cette disposition évitera donc bien des accidents des chevaux et de ces spectacles repoussants de chevaux abattus que l'on rencontre journellement surtout à Paris, où si souvent on charge les animaux au-dessus de leur force.

3° La disposition de la charge en dessous de l'essieu exige des roues d'un grand diamètre, ce qui rend la voiture plus roulante, non-seulement par la diminution du frottement de l'essieu, mais surtout parce que les roues ayant un très-grand diamètre, elles portent presque à plat avec les sinuosités des chaussées, qui n'ont alors qu'une très-faible influence pour s'opposer au roulement. M. Fusz arrive à donner une grande solidité à ces roues, en les composant de deux rangs de rais qui partent d'une même circonférence de la jante, viennent aboutir à deux circonférences distinctes du moyeu, de manière à former un système propre à résister aux chocs violents que les roues ont à supporter.

4° Un mode d'enrayage qui fonctionne seul et dont l'action est toujours proportionnée à la poussée de la voiture.

On conçoit que ces chargements capitaux ont exigé dans les différentes parties de la voiture un grand nombre de modifications que l'on peut aussi pour la plupart considérer comme des perfectionnements, et qui avec les premiers ont plusieurs fois fait accorder des récompenses à leur auteur par l'Académie des sciences et par la Société d'encouragements.

M. Fusz ne s'est pas contenté d'étudier la voiture d'une manière générale, il a dressé différents projets de voitures qui conviennent plus particulièrement pour le transport de certaines matières que d'autres. Il a fait construire une voiture destinée au transport des matières lourdes, telles que les pierres, le plâtre, etc., et qui lui a donné des résultats supérieurs à son attente. Ainsi plusieurs certificats de personnes honorables constatent qu'avec cette voiture, un cheval conduit sa charge habituelle de quarante à cinquante sacs de plus qu'avec une voiture ordinaire.

M. Fusz vient d'étudier les plans de trois autres voitures : l'une destinée aux vidanges et qui sera surtout avantageuse pour les vidanges pneumatiques, puisque la tonne étant placée très-bas, elle diminue la hauteur d'aspiration ; la seconde voiture est destinée aux porteurs d'eau, et remplace avec de grands avantages celles qui sont usitées. Enfin la troisième voiture qui intéresse la Société protectrice des animaux, non-seulement sous le point de vue du soulagement des chevaux qui la conduisent, mais aussi sous celui de la matière du chargement, est appropriée au transport des veaux et autres animaux destinés à la boucherie.

Jusqu'à présent, le transport des veaux destinés à la boucherie s'est effectué à l'aide de voitures ordinaires, dans lesquelles on les entasse après leur avoir lié les jambes, de manière à leur rendre tout mouvement impossible. Sans nous occuper de l'influence que peuvent avoir sur la qualité de la viande les maladies ou meurtrissures auxquelles ces animaux sont exposés par un tel transport, et les conséquences graves qui peuvent en résulter pour les personnes à qui cette viande sert de nourriture; qui n'a pas détourné la tête à la vue d'une voiture où se trouvent entassés pendant des jours entiers, et d'une manière aussi barbare qu'on le fait, les veaux destinés à la boucherie! On agit à l'égard de l'animal le plus doux, comme on ne serait pas même pardonnable de le faire à l'égard d'une bête féroce; on le tue, mais on prolonge le moins possible ses souffrances. C'est pour éviter ces inconvénients, que M. Fusz a approprié sa voiture au transport des veaux. Ces animaux y sont à l'abri de toutes les intempéries, y jouissent d'une entière liberté, pour y rester debout ou se coucher à volonté pendant le trajet et prendre la nourriture qui peut leur être nécessaire. La caisse de la voiture étant placée très-bas, en renversant sa fermeture de derrière on forme une rampe que les veaux peuvent facilement gravir ou descendre d'eux-mêmes, lors du chargement ou du déchargement de la voiture, ce qui supprime encore les tortures atroces que ces animaux endurent dans le mode de chargement usité.

Un autre avantage de la voiture de M. Fusz, et dont on comprend toute l'importance, est son application au transport des veaux en pays d'engrais, et surtout celui des veaux de belle race en pays d'élèves. La facilité de conduire les veaux dans les pays à fourrage permettra de les élever jusqu'à ce qu'ils soient bœufs ou vaches, ce qui fournira à l'homme une nourriture à la fois plus saine et plus abondante. Leur transport en pays d'élèves contribuera d'une manière efficace au remplacement rapide des bœufs et vaches de race chétive, par ces animaux vigoureux et de grande production que l'on rencontre dans quelques localités.

M. Fusz met à la disposition de la Société protectrice des animaux un croquis à l'échelle d'une voiture à un cheval pouvant contenir vingt veaux placés transversalement à la longueur de la caisse et en sens contraire l'un de l'autre (tête bêche).

Il espère qu'elle jugera son invention digne de recevoir une prompte application, et que si nous imitons les gouvernements anglais et bavarois qui ont pris l'initiative dans le transport des veaux en les laissant libres, bientôt les perfectionnements qu'il apporte dans sa voiture amèneront des imitateurs à notre pays, qui tient toujours à ne pas se laisser devancer en civilisation.

Visite au préfet de police.

Mardi 18 mai 1847, le bureau de la Société, ayant à sa tête M. le marquis de Faudoas-Rochechouart, son président par intérim, a été reçu en audience particulière par M. le préfet de police. M. Delessert a accueilli avec cette bienveillance qui le distingue la députation qui venait soumettre à son approbation un nouveau système de voiture à ressorts, destinée principalement *au transport des animaux de boucherie*. M. le préfet, tout en reconnaissant la grande utilité et les avantages d'une réforme à ce sujet, fit observer toutefois qu'elle avait à lutter contre plus d'un obstacle, en dehors des moyens d'action de l'autorité et résidant dans les usages et dans la volonté même des propriétaires des bestiaux ; circonstance qui avait déjà fait avorter quelques tentatives faites à ce propos par le conseil de salubrité publique. M. le préfet a fort approuvé l'intention de la Société de se mettre en rapport direct avec les bouchers de Paris, et il a bien voulu nous indiquer lui-même leur syndic, auquel la Société aura tout d'abord à s'adresser directement. M. le préfet a bien voulu encore accepter des mains de M. de Faudoas un rapport sur la voiture du mécanicien, M. Fusz, rapport fait et présenté à la dernière séance par M. Claudel, ingénieur civil, et qui a valu à son auteur les applaudissements unanimes de l'assemblée. M. Delessert a promis de faire examiner en détail le travail qui faisait l'objet principal de notre réception, dès qu'un dessin parfaitement complet, et dont s'occupe M. Fusz, lui aurait été remis.

M. le préfet, informé ensuite par l'un des secrétaires généraux de l'état actuel de la Société, a paru apprendre avec satisfaction l'extension qu'elle a déjà prise et qui tend à s'accroître tous les jours, grâce surtout à la protection que lui accorde le gouvernement. — « Je vois avec un sincère intérêt, — a dit » M. le préfet en congédiant la députation, — prospérer une » entreprise généreuse et éminemment utile, qui a eu mon ap- » probation dès son origine, et qui pourra toujours compter » sur mon appui. »

Réunion de la commission nommée pour étudier la question de la taxe des chiens.

Mercredi 26 mai 1847, la commission, nommée par la Société protectrice pour étudier les moyens d'arriver à une *diminution des chiens inutiles* en vue de la propreté, et par conséquent de la salubrité des habitations, en vue de l'hygiène et de la sécurité publique, s'est réunie sous la présidence de M. DAILLY, vice-président, chez M. le docteur PLACE, rapporteur. Étaient présents : MM. Bureau-Riofrey, Dailly, Dellorier, Fontaine de

Melun, P. de Cassel, Place, Ricard de Morgny. Après une longue discussion, il a été arrêté que la lettre suivante serait adressé à la chambre des députés :

A MM. les membres de la chambre des députés, commissaires du projet de loi de la taxe sur les chiens.

« Messieurs,

» La proposition de l'honorable M. de Rémilly, tendant à établir une taxe sur la race canine, vous est soumise, bien plutôt dans un but de sûreté et d'hygiène publique que dans celui, qu'il ne nous appartient pas d'apprécier, d'augmenter le revenu de l'État.

» La Société protectrice des animaux, qui a sérieusement étudié les conditions de la domesticité de l'espèce canine relativement à l'homme et le rapport des services que les chiens sont aptes à rendre à la société humaine, a cru devoir porter devant vous, Messieurs, le résultat de ses meditations.

» Les chiens de race type, caractérisés par des instincts précis, tels que la chasse, la garde, la vigilance, le sauvetage, sont certainement bien plus les compagnons fidèles des hommes isolés, surtout des habitants des campagnes, que destinés à vivre dans les grandes villes, où ils n'occasionnent que gène et danger pour les habitants. Leur constitution s'y appauvrit, leur instinct se perd, leur présence y est dangereuse parce qu'ils joignent à l'insalubrité, trop souvent habituelle du logis, les émanations d'une malpropreté qui leur est ordinaire, le contact des maladies qui se développent dans l'état sédentaire et passif, et enfin par les dangers de la rage spontanément développée dans leur espèce et qui menace les hommes et les animaux qu'ils approchent.

» Mais pour parvenir à réduire d'une manière efficace la trop grande population canine en France, surtout les chiens errants et ceux des grandes cités, la société protectrice a l'honneur de vous soumettre l'article suivant :

« Tout possesseur de chien sera tenu d'en faire la déclaraiton au commissaire de police du quartier ou au maire de la commune. Le nom et l'adresse du propriétaire seront inscrits sur un registre ; on prendra le signalement de l'animal par lui présenté et auquel il sera donné un collier portant un numéro d'ordre, qu'il ne devra pas quitter.

« Tout chien trouvé errant, nanti du collier indicateur, sera saisi par les agents de l'autorité, et son maître rendu passible d'une amende.

« Quant aux chiens abandonnés, rôdant sans collier sur la voie publique, ils seront à la disposition de l'autorité locales. Défense, sous peine d'amende et de confiscation, d'avoir, dans les villes, plus d'un chien par individu ou par ménage.

« Tout chien qui n'aura pas été déclaré à l'autorité pourra être confisqué, ou bien le propriétaire sera tenu de payer une amende.

« La Société, considérant que les races dangereuses, comme celle des *boule-dogues*, ne sauraient être tolérées, propose que l'usage en soit formellement interdit en France.

» En résumé, ce que la Société désire, c'est de voir substituer l'AMENDE à l'impôt somptuaire ou fiscal. L'amende, en remplaçant l'impôt forcé, serait doublement avantageuse tant à l'égard de la sécurité publique qu'à l'égard du produit : elle amènerait la *destruction légitime* des espèces reconnues inutiles et dangereuses, ce que l'établissement de la taxe seule serait impuissant à opérer.

» La raison publique une fois éclairée sur ce point, acceptera avec empressement une pareille mesure prise dans l'intérêt de tous, et nous sommes certains qu'en ayant égard à la proposition que nous avons l'honneur de vous soumettre, vous vous attirerez, plus tard, messieurs, la reconnaissance générale pour avoir détruit, par une loi, des habitudes contraires à la santé publique, tout en ramenant la race canine, dégénérée, au véritable usage que la société en doit faire et aux types simples et précis qui seuls peuvent servir utilement.

Paris , le 27 mai 1847.   Agréez, etc., suivent les signatures.

TAXE CANINE. — Cette question a vivement préoccupé la Société protectrice , non pas au point de vue fiscal qui lui est complètement étranger, mais comme mesure d'hygiène et de sécurité publique , tout autant que dans l'intérêt direct des chiens eux-mêmes ; car la Société agit encore parfaitement dans l'esprit de ses principes lorsqu'elle applaudit à une mesure qui tendrait à donner à chaque individu de la race canine un maître déterminé qui y tiendrait comme à une propriété imposable, à part l'affection qui le porterait à traiter avec soin ce compagnon intelligent et fidèle.

La chambre des députés vient de discuter, dans sa séance de vendredi 28 mai, les conclusions de la commission chargée d'examiner la proposition de M. de Rémilly, appuyée dans les bureaux par une commission émanée de la Société protectrice des animaux. Mais dans cette occasion encore, comme trop souvent en France, les bons mots, les plaisanteries, les calembours même plus ou moins de bon goût, sont venus prendre la place des considérations sérieuses que la question aurait dû faire naître. Après deux épreuves douteuses, la chambre a procédé au scrutin de division. Le résultat de cette opération a donné, sur 258 votans, 129 voix *pour* et 129 *contre* la proposition de M. de Rémilly.

Combattue faiblement par M. Léon de Maleville et par M. Maurat-Ballange, soutenue au contraire avec la gravité qu'elle méritait par M. Vivien, la proposition Rémilly a donc divisé la chambre en deux parties égales. Ce résultat ne sera pas, très-probablement, du goût de ceux qui se font les antagonistes de nos opinions (et qui même, nous ne savons trop pourquoi, chrchent à les faire passer pour peu *généreuses*), car il nous permet de compter avec certitude sur un succès plus complet lorsque la même proposition sera présentée à la session prochaine. Déjà 52 conseils généraux ont réclamé, comme nous, en faveur d'une taxe sur les chiens, et le conseil général de l'agriculture en a reconnu l'utilité. La chambre des pairs, dans sa dernière session, avait aussi témoigné de son intérêt pour la même question, en prononçant le double renvoi d'une pétition à ce sujet à MM. les ministres des finances et de l'intérieur :

« Des chiens, les plus souvent inutiles, avait dit la commis-
» sion, consomment un pain précieux quand les hommes en
» manquent. Ils entretiennent l'insalubrité au sein des pau-
» vres ménages ; ces inconvénients, bien d'autres encore, et
» surtout le mal effrayant dont cette race porte le germe et
» qui fait chaque jour de nouvelles victimes, auraient dû trou-
» ver plus soucieux un pays aussi avancé que le nôtre en civi-
» lisation. »

Enfin, la direction générale des finances reconnaît que la taxe purement communale serait avantageuse et que sa perception, comme telle, ne présenterait aucune difficulté.

Voici maintenant les pays où le dénombrement des chiens est fait par l'autorité au moyen d'un numéro délivré à tout propriétaire de chien, contre une certaine rétribution : l'Amérique, l'Angleterre, la Russie, l'Autriche, la Prusse, la Belgique, la Bavière, la Saxe, le Wurtemberg, les grand-duchés de Bade, de Brunswick, de Mecklembourg, de Saxe-Meiningen, la Suisse, les deux Hesse, le Waldeck, les villes libres de Francfort, de Hambourg, de Brême, etc.

Chez nous, le nombre des chiens est de DEUX A TROIS MILLIONS. On en compte, à Paris seulement, 49,000 ; M. de Rémilly évalue de 60 à 80 MILLIONS de francs la dépense annuelle occasionnée par la race canine en France. (*Union agricole.*)

SOCIÉTÉS ÉTRANGÈRES. — *Rapport lu dans la séance du 11 juin 1847.*

La Société vient de recevoir le compte rendu de la séance générale, réunissant les deux Sociétés protectrices des animaux constituées à Dresde depuis quelques années. L'une, *exclusivement* formée de dames, compte aujourd'hui au delà de 400 membres; l'autre, composée principalement des hommes les plus éminents du royaume de Saxe et de quelques pays voisins, compte au delà de 3,000 membres.

Cette séance d'un intérêt tout particulier a eu lieu le **23** mars dernier. Elle a été ouverte par un des principaux diacres de la métropole; M. Steinert, en sa qualité de guide et de conseiller de l'*association des dames*, a tenu un discours plein de sens et de persuasion, dédaignant toutefois de recourir à de nouvelles explications sur le *but* important de l'association, parce que, selon lui, ce but doit être bien compris de *ceux qui sont faits pour le comprendre;* mais que vis-à-vis d'*aveugles antagonistes*, elles auraient plutôt l'air d'une espèce de justification dont la Société n'a plus besoin et qui même aujourd'hui serait indigne d'elle. — M. Steinert s'étend donc sur les résultats, déjà patents, de l'influence des Sociétés protectrices dans le royaume de Saxe en particulier. Il démontre que leurs soins, leur vigilance, leurs travaux, ont déjà produit des changements notables dans la conduite de certains individus, dans les habitudes des familles et même dans celles des écoles. — Partout elles réussissent, par leur active persévérance, à infiltrer plus de bienveillance et de douceur dans les esprits, et à prouver qu'il est précisément *digne de la raison humaine* de traiter avec générosité les êtres privés de cette même *raison*, dont l'homme n'a le droit de se glorifier qu'en tant qu'il sait mieux s'en servir.

Après ce discours, l'assemblée a écouté avec le plus vif intérêt le rapport de Mme *de Serre*, qui, en qualité de *secrétaire général de la Société des dames*, est venue rendre un compte détaillé de ses progrès et de sa position, en sachant donner à ce travail toute la grâce et l'esprit qu'on devait attendre d'une dame aussi accomplie et dont l'Allemagne a droit de s'enorgueillir.

M. le major de Serre, président de l'autre Société, fondée par M. le baron Ehrenstein, a ensuite rendu un compte très-étendu et très-satisfaisant de l'état de la Société :

1° On a vu que la Société acquérait de jour en jour plus de crédit dans le public, en obtenant l'appui de diverses autorités et administrations à l'égard des adoucissements à apporter au mode de travail des chevaux employés au halage des bateaux remontant l'Elbe, dont le courant est très-rapide, ainsi qu'au travail des appareils fonctionnant sur les côtes du fleuve ;

2° Qu'elle avait ouvert un prix pour deux questions ; à savoir : *le meilleur mode de transport pour les bêtes de boucherie*, prix : 8 ducats ; et le *meilleur mode d'abattage*, prix : 12 ducats ;

3° Qu'elle avait obtenu l'intervention directe de la police dans les marchés publics, ou autres lieux où les animaux se trouvent exposés aux plus horribles traitements ; que, de l'autre côté, elle n'avait pas manqué d'accorder plusieurs récompenses et mentions honorables à des individus qui se distinguaient par plus de soins et de bonté envers ces animaux.

4° Qu'elle avait formé dans son sein une commission destinée à étudier spécialement les questions de légalité, et pour élaborer ensuite un plan de législation en faveur des animaux considérés selon leurs rapports avec la société humaine. Le travail de cette commission sera présenté aux chambres du royaume dans leur prochaine session.

M. de Serre fait part ensuite d'une foule de nouvelles et notables adhésions, et entre autres d'une lettre extrêmement flatteuse de S. A. le prince de Saxe-Altenbourg, président de la Société de Munich. A cette occasion, il n'a pas oublié de parler de la Société protectrice de Paris, il a bien voulu la placer à côté de la Société-Mère, et la citer déjà comme exemple. Enfin, M. de Serre a terminé son intéressant rapport en annonçant que la Société de Dresde venait de recevoir une somme de 100 thalers (380 fr.), à elle léguée par une dame qui venait de mourir.

Les documents, dont je viens d'avoir l'honneur de vous entretenir, auront d'autant plus d'intérêt à vos yeux, lorsque je vous dirai, mesdames et messieurs, qu'il viennent de m'être remis, en mains propres, par M. et Mme *de Serre* eux-mêmes, qui, étant venus pour quelques jours à Paris, nous font l'honneur d'assister à cette séance.

P. DE CASSEL ,

Secrétaire général pour l'étranger.

CHAMBRE DES DÉPUTÉS — *Séance du 29 juin 1847.*

L'opinion publique se prononce en faveur des idées que nous défendons ; c'est un fait désormais acquis et qui doit être pour la Société un motif d'encouragement.

M. Lherbette, député de Soissons, a bien voulu cette fois encore appeler l'attention de ses collègues et de M. le ministre de l'agriculture, sur la nécessité qu'il y a de mettre fin aux sévices dont nous sommes tous les jours les témoins.

Voici les paroles que cet honorable député a prononcées dans la séance du 29 juin dernier.

« Je désirerais encore, pour la conservation des animaux, rappeler l'attention de M. le ministre sur un dernier point. Dans plusieurs pays, en Angleterre, en Autriche, en Suisse, en Bavière et dans beaucoup d'autres pays, on a rendu des dispositions contre les mauvais traitements exercés envers les animaux (marques d'intérêt et d'approbation). Et ces mesures ne sont pas bonnes seulement pour la conservation des animaux, elles le sont aussi pour l'intérêt moralisateur des hommes (*plusieurs voix :* C'est vrai ! c'est vrai !). M. le ministre l'a compris, et il a accordé à une Société organisée à Paris sur ce principe une allocation modique comme chiffre, mais importante comme manifestation de la pensée du gouvernement, comme encouragement à la formation de Société de ce genre. — Je désire que ces encouragements continuent, qu'ils s'accroissent. — M. le ministre est d'ailleurs certain de trouver à Paris un auxiliaire puissant et éclairé dans M. le préfet de police, qui montre à cet égard la sollicitude la plus vive ; mais sur cette question si intéressante des encouragements ne suffisent pas. Je voudrais qu'un projet de loi fût présenté pour certaines mesures ; que, pour d'autres, des ordonnances fussent rendues. Les questions d'humanité sont de ces questions où la France ne peut pas rester en arrière des autres nations. (Très-bien ! très-bien !)

M. Achille Fould... « Quant à la loi sur les mauvais traitements des animaux, je reconnais qu'il serait bon de réglemen-
ter cette matière, mais je ne sais comment on pourrait y
arriver. Qu'on encourage les Sociétés qui se forment dans ce
sens, c'est une bonne chose, mais je crois qu'il est très-difficile
que l'Etat intervienne, et j'engage le gouvernement à s'en abs-
tenir. »

Nous pensions qu'un membre de la chambre demanderait la
parole pour répondre à M. Achille Fould. — Personne ne s'est
levé.

Nous aimons à croire que l'honorable député se serait bien
gardé de donner ce conseil au gouvernement s'il avait eu plus
de temps devant lui pour étudier cette importante question. —
Autrement ce serait mettre la France au ban des nations civili-
sées, et, Dieu merci ! nous n'en sommes pas là, quand il s'agit
surtout de questions de haute moralité.

L'Etat doit intervenir, et il interviendra, nous l'espérons,
afin d'opérer chez nous, par *imitation*, ce que d'autres nations
ont fondé chez elles par un sentiment respectable, auquel
M. Fould lui-même rend hommage.

Nous remercions M. Lherbette des observations très-judi-
cieuses qu'il a adressées à la chambre et à M. le ministre de
l'agriculture. — Ce qu'il a dit aussi de M. le préfet de police
est vrai ; nous en prenons occasion pour témoigner à ce digne
magistrat toute notre gratitude pour le zèle et l'empressement
qu'il apporte dans l'exécution du mandat difficile qui lui est
confié.   (*Union agricole.*)

**Mémoire sur les rapports de la race canine avec l'humanité, des conditions
naturelles de ces rapports, de leur opportunité et de leur danger ; savoir
enfin s'il convient en France, et dans l'état de choses actuel, qu'ils soient
modifiés tant dans les villes que dans les campagnes : lu à la Société
protectrice des animaux le 11 juin 1847.**

Certaines questions, d'un ordre élevé mais imprévu, qui
peuvent paraître aux esprits superficiels inconvenantes ou
futiles, sollicitent au contraire l'attention, l'examen des observateurs sérieux et dévoués. C'est que les uns prennent l'inac-
coutumé pour le faux et que les autres saisissent immédiatement le point utile et pratique.

Il est donc important, dans toute question semblable, de
remonter aux causes premières, d'envisager au plus loin du

départ la question nouvelle, de la suivre dans ses fins les plus éloignées, assuré de trouver bientôt à chaque pas, et accumulés comme par miracle, une foule de faits, d'arguments et de vérités inconnues. Telle nous a paru la question de l'impôt proposé sur la race canine, soit qu'on l'examine au point de vue d'un impôt nouveau, question qui nous est étrangère, soit enfin qu'il ait pour but de restreindre le trop grand nombre de chiens.

Toutes les fois que l'homme est en présence d'une espèce animée, qu'il doit agir sur elle et remplir à son égard la mission naturelle que lui assigne une supériorité intellectuelle incontestable, une volonté précise et une nécessité absolue, il convient d'étudier cette espèce, de connaître à son tour quelle mission elle remplit, ce qu'elle est, ce qu'elle fait, ce qu'elle doit faire. C'est ainsi que la domesticité des animaux a longtemps occupé les savants. C'est en se basant sur cette domesticité, qu'ils ont constaté les degrés limités d'une intelligence pratique, étrangère à une délibération continue, mais cependant se développant selon les circonstances, et bien supérieure à l'automatisme de Descartes.

La nature n'a-t-elle pas tracé une population animale, intermédiaire entre l'homme, son but suprême et les espèces qui complètent l'échelle zoologique? Celle-ci ne se simplifie-t-elle pas quant à l'instinct, selon que ses échelons s'éloignent de la série domestique? Est-ce donc purement, comme on le pense, l'habitude qui rapproche nécessairement certaines espèces et notamment la race canine de l'homme? Ou ne serait-ce pas plutôt le développement inné, providentiel, de certaines facultés d'association et d'intelligence? Telles sont les réflexions qui surgissent au début d'une étude qui pose en problème les rapports naturels de la race canine avec l'espèce humaine.

Ceci posé, il convient d'étudier le chien quant aux manifestations d'intelligence et d'instinct, connaître ses actes habituels, ses aptitudes soutenues, ses affections et ses mœurs. Savoir si à l'état sauvage il est le même que dans la domesticité, s'il reçoit du contact des autres espèces des modifications profondes; si de sa société avec l'homme il est singulièrement transfiguré, et si enfin par ses aptitudes connues il peut être à ce dernier un auxiliaire indispensable.

On ne pourrait savoir précisément si la destinée de l'homme était de se concentrer en nombre infini sur certains points, d'y accumuler le marbre et la pierre pour les palais du riche, la terre et la boue pour la masure du pauvre ; ou si plutôt il ne convenait pas mieux à la conservation de sa race, à l'intégrité de ses formes, au jeu normal de ses organes, de vivre en société divisée, dans les champs féconds soumis à son intelligent travail, dans ces forêts qu'il sillonne de routes, sur ces hautes montagnes où son génie s'épure à la vie nouvelle qu'un air oxygéné développe en lui, ou sur cet océan dont l'immensité le rapproche de l'infini.

Si telle était sa destinée, il doit se diviser, s'éloigner dans les solitudes profondes, pour y porter les dons modérateurs de son intelligence. C'est alors que l'instinct des animaux domestiques est l'auxiliaire obéissant de ses volontés. A la chasse, le chien le devance, et, collaborateur fidèle, lui ramène le tribut de sa conquête : s'il se livre à l'humble profession de pasteur, surveillant actif, résolu, courageux, le chien entoure son troupeau d'un regard incessamment sollicité par les bruits du lointain et les habitudes des pâturages riches et féconds : s'il pénètre dans des régions inconnues, le cheval le transporte avec la rapidité de l'éclair, mais le chien guide la route, trace les sentiers et protège la marche. Enfin, si l'homme s'est voué au soulagement de ses semblables, si sentinelle bienfaisante, il se place au lieu des dangers, sur les glaciers de la montagne, le chien double ses forces et partage sa mission de charité.

A ces points de vue d'utilité, la race canine se divise en espèces simples dont les instincts sont puissants et distincts. Buffon regarde le chien de berger comme la race type. Né sur un sol riche et productif, il s'enlaidit dans le Nord, perd sa rudesse dans les climats tempérés : la domesticité assouplit ses mœurs en lui laissant son courage et son activité.

De cette espèce en naissent d'autres plutôt caractérisées par leur robe lisse ou soyeuse, par leurs extrémités, par leur museau court ou allongé, que par une faculté bien tranchée. Les alliances avec des races voisines de l'espèce constituent des variétés, ainsi on peut étudier le produit de l'union de la louve et du chien.

Comme les hommes, les animaux de race domestique ont

une intelligence proportionnée aux forces qu'elle doit donner dans les climats divers dont ils forment la population. Le chien de Sibérie est propre à la course, au traîneau : il s'accouple avec les loups, point avec les renards. Au Groënland, les chiens sont blancs, stupides, hurleurs, ne se livrent à aucune chasse, ce sont les crétins de l'espèce canine. Au Kamtschatka, ils sont ichtyophage, libres et vivent en société pendant l'été ; on les attèle au traîneau pendant l'hiver. A la Nouvelle-Zélande, aux îles de la Société, ils sont également stupides, ils se nourrissent de poisson ou de fruits ; leur tête est grosse, leurs yeux sont petits. Dans les forêts de Cayenne, le chien redevient instinctif et chasseur. Il s'accouple avec les chiens d'Europe et son intelligence se perfectionne. Enfin, quelques espèces mixtes, telles que le chien turc, sont sans utilité connue.

On voit donc que le caractère distinctif du chien d'origine mère tient à la précision des instincts, à la condition qu'ils soient constamment activés par les circonstances qui les sollicitent et au milieu desquelles il vit, l'air libre lui convient, l'espace est à lui ; dans l'inactivité des villes, dans les pièces étroites où il est enfermé, prisons dont il cherche constamment à s'échapper, il s'étiole, il y devient dormeur, gronde et mord. A peine s'il respecte la main qui lui est familière dans ses caresses. Il est enfin dégénéré là au contraire où l'homme, par les contacts multipliés, agrandit et ennoblit ses connaissances.

Ce n'est donc pas le milieu des villes qui lui convient; qu'y fait-il? Absolument rien. Sa garde est plus dangereuse qu'utile, il n'y sert plus au transport ; certes il n'y est pas chasseur, et ce n'est pas dans l'intérieur des rues qu'il peut exercer son instinct de sauvetage. Bien plus, certaines espèces combattives et inintelligentes, telles que le boule-dogue, y sont une cause de crainte et, depuis longtemps, ont éveillé la sollicitude des magistrats. Dans la campagne, au contraire, et dans certaines localités en particulier, ces races bien surveillées peuvent peut-être encore rendre des services ; car elles ont, comme toutes choses, un but qu'il faut savoir définir.

Le rapport de la population canine est considérable, relativement à la population humaine. En France on compte trois millions de chiens de diverses espèces. Ils se multiplient en proportion des rapprochements fréquents amenés par leur abandon sur la voie publique ; enfin, par la promiscuité commune aux grands centres ; à Paris, par exemple, où plus qu'ailleurs leur présence est contraire à l'hygiène et à la sûreté générale, le nombre en est de 49,000, et en 1846, dans le département de la Seine, 10,000 chien errants ont été abattus.

Ils sont encore maintenus en grand nombre dans quelques villes, par l'état de négligence des polices de la voie publique ; dans certains lieux, les débris alimentaires y sont abandonnés et leur servent de pâture. En Egypte, les chiens, par leur grand nombre, entretenus par ces causes, font la police de nuit ; nul ne s'aventure, menacé dans une pérégrination nocturne par leurs meutes affamées.

Mais, tout abandonnés qu'ils soient et vivant de débris, qu'heureusement à Paris on fait enlever avec soin au point du jour, ils sont encore journellement une source immense de dépenses qui grèvent la classe pauvre ; ce que l'autorité doit prendre en considération.

A Dieu ne plaise que nous voulions dénier au malheureux le triste droit de disposer à son gré du pain qu'il paie de ses sueurs et de ses veilles ; mais par le raisonnement, par une insinuation généreuse, n'est-il pas possible de lui faire comprendre que les quatre millions de francs que les chiens absorbent dans toute l'étendue de la France sont des aggravations aux peines publiques aux instants de disette, et que le budget des villes, qui doit pourvoir à leur santé par les hôpitaux et les secours à domicile, à la cherté des grains, par l'équilibre des prix courants, ne sauraient distraire quoi que ce soit au bénéfice d'un caprice ou d'une affection viciée dans sa véritable application ?

Certainement, il est trop vrai que dans nos villes, dans nos campagnes, l'homme pauvre voit s'éloigner de lui l'amitié, la sympathie, les caresses de ses semblables. Le chien, compagnon fidèle, est le dernier ami qui lui reste ! Mais, cependant, faut-il poser en principe l'inviolabilité de l'affection de l'homme, à l'endroit du chien, au détriment de son semblable ? Faut-il admettre que l'homme doit être si abandonné que nulle main intelligente ne se tende vers lui ? N'est-il pas plus juste de ramener la société à son véritable but, à savoir la fraternité universelle ? Trop insister sur ces raisons, c'est faire le procès d'un ordre de choses qu'il tient à notre raison d'améliorer, et tout nos efforts doivent tendre à bannir un pareil individualisme. Non, quand l'homme, par son travail, sera sûr du pain de la journée, lorsqu'il verra sa femme et ses enfants assurés contre la misère, cette lèpre de tous les temps, passés ou présents, le chien n'aura plus, dans ses affections, qu'une part que la mansuétude de ses rapports amène en échange des services qu'il peut rendre ; son utilité fera son droit.

Au point de vue de l'hygiène, tout le monde connaît les dangers que cette race offre aux populations agglomérées. Dans nos climats tempérés et dans nos contrées populeuses où la rage est spontanée, un seul cas peut la multiplier, surtout par l'ignorance où l'on est des distinctions scientifiques qui séparent la rage vraie de l'hydrophobie. Trop souvent ce symptôme de certaines névroses a été confondu avec la maladie appelée rage, et dont le caractère *sui generis* n'échappe pas à une investigation éclairée. On ignore aussi les causes qui la déterminent. Elle est plus fréquemment développée au nord qu'au midi, plus dans une température modérée, plus en hiver qu'en été, plus encore au mois de mai et septembre qu'au mois de janvier et juillet.

L'isolement des animaux en est-il une cause? Le rapprochement facile des sexes éloigne-t-il cette affection ? En Egypte, au Caire, à Constantinople, où la population est agglomérée et la promiscuité incessante, elle est à peu près inconnue, tandis que dans nos climats et dans une population plus divisée, il se présente encore quatre cents cas dans une année. Enfin, existe-t-il un traitement efficace de cette affection applicable à l'animal et à l'homme? Y a-t-il un préservatif que les maîtres soigneux pourraient pratiquer aux époques signalées dangereuses? La diffusion des forces vitales par la sueur serait-elle, comme quelques-uns l'ont affirmé, une base de traitement ou de préservation, où la révulsion diffuse de la transpiration, par une température subitement transformée, serait-elle une cause de développement? A toutes ces questions, la science n'a pas dit son dernier mot.

Mais la présence trop multipliée des chiens domestiques, et surtout dans des circonstances qui les déplacent de leurs habitudes naturelles, offre encore des dangers d'un autre ordre, et qui, pour ne pas être si directs, n'en sont pas moins des causes d'insalubrité qui amènent, développent ou communiquent des maladies dangereuses, telles que les affections herpitiques de divers ordres, étiolent la jeunesse et aggravent toutes les fâcheuses prédispositions. Quiconque a, comme médecin, visité les maisons des quartiers pauvres, où tout s'entasse pêlemêle dans des logements insuffisants, est frappé de la dominance meurtrière des émanations canines. Entrez dans une mansarde : quelquefois un vieillard, deux adultes, trois ou quatre enfants en sont les habitants. Certes, de leur corps en transpiration, de la malpropreté inhérente à leur misère, l'air doit être vicié, l'oxigène absorbé rapidement ! et cependant l'odeur du chien l'emporte.

Dans certaines grandes villes, où des règlements de police n'ont pas assuré la propreté des chemins, en Egypte, par exemple, les cadavres de chiens aggravent la pestilence de l'air. Qui ignore que les miasmes putrides des décompositions animales s'allient à la macération des végétaux pour produire ou entretenir des maladies de toutes sortes, dans le nombre desquelles figurent les ophtalmies incurables, des gales opiniâtres, et en dernier lieu la peste, fléau inconnu à l'hygiène des villes sagement réglementées ?

De tous les faits précédents, il résulte bien évidemment que la race canine s'accroît en disproportion de son but naturel, qu'il est indispensable de la ramener au terme que la nature lui a assigné, en se bornant à protéger et surtout à classer les espèces utiles.

Quand les hommes, par la force des événements, sont agglomérés sur certains lieux, et que leur population innombrable enfante la disette, l'impuissance et la maladie, l'intelligence leur conseille l'émigration, le pouvoir la favorise ; et bientôt, éclaircis dans leurs rangs, la vie y renaît avec le bien-être et les libres allures de chacun. Mais l'animal n'a pas la résolution, ce n'est pas lui qui agit en prévoyance, c'est l'homme qui le guide, le dirige et l'utilise. C'est encore le protéger que de le ramener au berceau de sa race et à ses instincts premiers.

Mais pour dire que la population canine est trop grande, ce n'est pas dire que des sévices doivent être exercés sur elle. Est-ce dire que, pour un but raisonnable, il faut employer la violence? ou bien, constatant l'état de chose, faut-il baser un impôt fécond sur la promiscuité canine? Non assurément; nous n'irons pas, prenant l'idée de Maltus, condamner à une mort raisonnée et implacable les êtres déclarés inutiles; car qui nous affirme que, puisqu'ils sont, ils n'ont pas un but de destinée qui nous est caché? Mais nous fiant à notre raison, qui est aussi un effet de cette mystérieuse loi qui nous a placés en modérateurs sur toutes les espèces vivantes, nous pouvons, selon nos connaissances acquises, aviser à éloigner de nous des causes de misère et de maladie.

C'est par des règlements rigoureusement observés, basés sur une saine indication des conditions étudiées précédemment, et surtout par la responsabilité des maîtres, que la diminution du nombre actuel des chiens pourra être effectuée.

Mais parmi la race canine, semblable à ces êtres dangereux dont la société humaine fait le sacrifice et qu'elle retranche de son sein, on trouve des races toujours nuisibles et dont l'opportunité nous échappe. Sans appeler sur elle une mort violente, l'interdiction de leur possession peut suffire à ramener graduellement la disparition de leur présence dans nos villes et nos campagnes. Aussi, la race boule-dogue, si dangereuse, si cruelle, ne doit pas seulement être taxée à une somme élevée, sa possession doit être interdite et l'application des règlements, que nos vœux appellent, ne saurait lui être applicable. Le droit de proscription commence où naît le danger; et la société, en basant un délai sur la moyenne qui existe, peut fixer un temps où cette proscription se trouvera définitive et obligatoire.

La taxe proposée récemment sur la race canine, envisagée par quelques économistes au point de vue hygiénique et comme moyen facile de réduire la population, ne pouvait échapper au but de nos études. C'était manquer à la tâche acceptée, si dans un but de mansuétude pour le présent, par imprévoyance pour l'avenir, on avait omis de transmettre au législateur les idées arrêtées d'une société qui a pris plus particulièrement en considération cette idée toute des temps modernes : Les rapports de l'humanité avec l'animalité domestique.

LOIS ET ACTES LÉGISLATIFS,

DES DIVERS ÉTATS DE L'EUROPE.

CONCERNANT

Les mauvais traitements exercés contre les animaux domestiques et autres.

ANGLETERRE.

Extrait sommaire des actes du Parlement relatifs aux cruautés exercées sur les animaux, et notamment de l'acte du 9 septembre 1855, passé à la sollicitation de la société de Londres établie pour prévenir les cruautés envers les animaux.

Acte 21ᵉ du règne de Georges III (1781), chap. 67.

« Sur la manière de prévenir les accidents qui peuvent résulter du
» passage des bestiaux, par les villes de Londres et de Westminster, sur
» les priviléges à cet égard, et sur les bills de mortalité. »

Cet acte autorise les officiers de paix (constables) à arrêter toute personne qui, en conduisant des bestiaux dans les rues, les traiterait avec une injuste brutalité, etc., et à la conduire devant la justice, si elle est passible d'une pénalité quelconque. Il autorise la cour du Lord-Maire (court of Mayor) et les membres du corps municipal (aldermen) à faire des ordonnances à cet effet, et à les rendre exécutoires. Il contient plusieurs clauses sur l'assurance contre les accidents en pareil cas.

Les mesures comprises dans cet acte, et qui ne s'étendaient primitivement qu'aux villes de Londres et de Wesminster, ont reçu plus d'extension par les actes 3 et 4 du règne de Georges IV cités plus loin, qui étendent le ressort de la juridiction à une circonscription de 5 milles au delà de Temple-Bar.

Acte 26ᵉ du règne de Georges III (1786), chap. 71.

« Sur les abattoirs destinés aux chevaux. »

Cet acte enjoint à toutes personnes propriétaires d'une maison ou d'un lieu quelconque, destiné à l'abattage des chevaux ou autres bêtes ne faisant pas partie des animaux de boucherie, de se nantir d'une permission de l'autorité à cet égard, d'inscrire leur nom sur leur porte, et d'avertir l'inspecteur du quartier, toutes les fois qu'un cheval, etc., sera amené chez elles, afin qu'on puisse l'enregistrer sur les livres de l'administration.

Cet acte autorise le consistoire des paroisses à préposer des inspecteurs particuliers ayant droit d'entrer dans ces abattoirs la nuit comme le jour.

Il déclare coupable de crime et passible de pénalité toute personne qui abattra des animaux sans s'être conformée à la lettre de cet acte.

Suit l'énoncé des diverses pénalités, pour faux enregistrement, etc.

Acte 3e du règne de Georges IV (1822), chap. 71 (1).

Cet acte sert de base aux actes 5e et 6e du règne de William IV qui suit :

Il tend à démontrer l'utilité des mesures préventives contre les mauvais traitements exercés sur les chevaux, hongres, juments, mulets, ânes, vaches, génisses, bœufs, moutons, et autres bêtes, et il arrête que toute personne convaincue d'avoir battu ou maltraité injustement un cheval, etc., ou toute autre bête désignée plus haut, sera traduite devant la justice et passible d'amende et de prison.

Cet acte, quoique fort approuvé, ne parut pas néanmoins satisfaire à toutes les conditions requises, ni être assez explicite. On trouva que dans l'énumération faite, on avait eu tort d'omettre le taureau qui cependant devait figurer en première ligne parmi les bestiaux; qu'on n'avait pas non plus parlé du chien, de l'ours, ni d'aucun des animaux qui ne sont pas compris sous la dénomination de bétail.

Acte 7e et 8e du règne de Georges IV (1827) chap. 30.

« Pour modifier et consolider les lois anglaises relatives aux dommages apportés à la propriété. »

Cet acte, divisé en seize paragraphes, ordonne que tout individu qui, contrairement à la loi ou par malice, tue, mutile ou blesse une bête à cornes, doit être considéré comme coupable de crime, et devient passible de la peine de la déportation ou de l'emprisonnement, selon que la cour de justice le jugera à propos.

Acte 3e du règne de William IV (1833), chap. 19.

Cet acte reproduit, dans ses premiers 28 paragraphes, l'acte 21e du règne de Georges III cité en commençant. Mais il dit que ce dernier ayant été trouvé insuffisant, il a paru urgent d'en étendre le pouvoir sur une circonscription plus large; en conséquence, il ordonne que :

Toutes les mesures indiquées dans ledit acte 21e de Georges III s'étendront également à 5 milles au delà de Temple-Bar (limite de la Cité). Il multiplie les peines à infliger et prolonge la durée de l'emprisonnement.

Acte 5e et 6e du règne de William IV (9 septemb. 1835), chap. 59 :

« Pour modifier et consolider les différentes lois relatives aux trai-
» tements impropres (2) et cruels infligés aux animaux, et aux abus ré-
» sultant de la manière de conduire les bestiaux sur les routes et dans
» les villes. »

Cet acte, après avoir reconnu qu'il était urgent de réduire en un seul tous ceux qui précèdent, reproduit en entier l'acte 5 de Georges IV

---

(1) Cet acte appelé généralement acte de Martin (Martin's act), du nom de M. Richard Martin, fondateur de la Société créée à Londres, pour prévenir les mauvais traitements, etc., a été préparé par lui; et ayant été converti en loi, il fait partie de la législation anglaise.

(2) Textuel : peut-être cela signifie-t-il non justifiée par la nécessité.

(chap. 71) et le paragraphe 29 du 3ᵉ de William IV (chap. 19) sur les combats d'ours, etc.

§ II. Il arrête que tout individu qui, de gaîté de cœur et avec cruauté, harcèlera, maltraitera ou torturera abusivement cheval, jument, hongre, taureau, bœuf, vache, génisse, veau, bouvillon, mulet, âne, mouton, agneau, chien, ou autre animal domestique, ou bien qui les conduira avec négligence ou brutalité, de manière à causer des accidents ou un dommage quelconque, sera mis à l'amende ou en prison.

§ III. Tout individu, propriétaire d'une maison ou d'un lieu de réunion quelconque, destiné à faire courir, harceler ou combattre des taureaux, ours, blaireaux, chiens, coqs ou autres animaux sauvages ou domestiques, payera une amende de 5 livres sterling par chaque jour où de telles représentations auront eu lieu.

§ IV. Ceux qui amèneront des bestiaux, chevaux, etc., dans un lieu quelconque, clos ou couvert, appartenant à la commune où à un particulier, devront veiller à ce qu'il leur soit donné une nourriture suffisante pour tout le temps qu'ils auront à y rester.

Ils auront le droit de se faire rembourser, sous peine de négligence, par les propriétaires de ces animaux, et de se faire rendre justice par l'autorité du lieu, si quelque dommage ou injure leur ont été faits à ce sujet. Ils sont autorisés, par le présent acte, après le terme de 7 jours révolus, et après en avoir donné connaissance au public, à vendre à leur profit et aux enchères le cheval, l'âne, le bétail ou les autres animaux qui leur auront été confiés; ils retireront de cette vente le montant de leurs déboursés pour la nourriture des animaux et pour les frais de justice, et s'il y a surplus, ils le remettront au propriétaire de l'animal vendu.

§ V. Si un animal est enfermé dans un endroit commun ou particulier pour plus de 24 heures, il est permis à tout individu quelconque d'y entrer, pour lui apporter de la nourriture, sans être pour cela passible d'aucune poursuite judiciaire.

§ VI. Celui ou ceux qui auront négligé ou auront refusé de fournir de la nourriture à l'animal ou aux animaux enfermés, comme il est dit ci-dessus, payeront une amende de 5 schellings par chaque jour où ils seront en faute. Cette amende sera recouvrée par la voie de la justice de paix du quartier, comme le sont tous les recouvrements pour dommages et intérêts.

§ VII. Tout individu propriétaire d'un abattoir particulier qui ne se sera pas muni d'une permission de l'autorité, et qui n'aura pas inscrit son nom sur la porte extérieure, etc., ainsi qu'il est prescrit dans l'acte 26ᵉ du règne de Georges III (ch. 71), payera une amende de 5 l. sterl.

§ VIII. Les chevaux ou bestiaux, conduits à l'abattoir, seront tués, dans le délai de trois jours, et, dans cet intervalle, il leur sera donné une nourriture bonne et suffisante. Chaque animal reçu dans l'abattoir sera exactement décrit dans un registre, et aucun ne sera employé à un travail quelconque. La contravention à cette ordonnance sera punie d'une amende dont le minimum est fixé à 5 shellings et le maximum à **40** shellings par contravention.

§ IX. Tout officier de paix ou constable, ainsi que tout propriétaire des animaux dont il vient d'être question dans le paragraphe précédent, ont le droit d'exercer la prise de corps sur tout contrevenant à ladite ordonnance.

§ X. Si le délinquant refuse de faire connaître son nom et sa demeure devant l'autorité compétente, il sera immédiatement livré au constable ou à l'officier de paix et conduit, par lui, à la geôle ou à la maison de correction de la ville, du village, ou du comté où le méfait aura été commis : il pourra y être détenu un temps qui n'excédera pas un mois, ou seulement jusqu'à ce qu'il ait déclaré son nom et sa demeure à la justice.

§ XI. La procédure relative au cas mentionné ci-dessus, doit avoir lieu dans le délais de trois mois, devant l'autorité compétente de l'endroit, et nulle autre part. Le témoignage de la partie plaignante est admis pour preuve de l'offense, ainsi que celui des inspecteurs ou habitants de la paroisse; en outre, les frais judiciaires, ainsi que le montant de l'amende, devront être remis entre les mains de l'inspecteur des pauvres de la paroisse.

§ XII. Dans le cas de condamnation, si la somme fixée comme indemnité du dommage ou de l'injure, ou celle imposée pour amende, pour contravention aux dispositions ci-dessus, ne sont pas payées immédiatement, ou dans le délai déterminé par la justice, celle-ci pourra, à sa discrétion, sauf réclamation spéciale, incarcérer le délinquant dans la prison commune ou dans une maison de force, soit simplement pour y subir la peine de l'emprisonnement, soit pour être soumis à un travail de force (hard-labour), mais pour un terme qui ne pourra dépasser 15 jours, si la somme ou amende à payer n'excède par 5 liv. sterl. Pour une incarcération plus longue, mais au-dessous de deux mois, l'amende et les frais pourront dépasser le chiffre de 5 liv. sterl. La durée de l'incarcération sera, dans tous les cas, déterminée d'après le montant de l'indemnité ou de l'amende, et des frais à acquitter.

§ XIII. En outre, dans les cas non prévus, ou bien si un individu ne peut pas être traduit en justice, en vertu de cet acte, l'autorité compétente du lieu pourra, dans le délai de 15 jours et après enquête, sur l'accusation portée d'avoir violé la lettre dudit acte, sommer le délinquant de comparaître au temps et lieu indiqués par elle. Elle pourra examiner la question, et sur bonnes et dues preuves données volontairement par le délinquant, ou bien sur le serment d'un ou de plusieurs témoins dignes de foi, elle décidera, ordonnera et portera jugement sur la peine à infliger, ou l'indemnité, l'amende et les frais à acquitter.

§ XIV. Formule de l'acte d'accusation.

§ XV. Les sommations seront vérifiées et jugées valables, soit que la sommation même ou une copie soient présentées directement à la personne, ou envoyées à son domicile ordinaire, ou au lieu qu'elle aura habité dans un comté quelconque.

§ XVI. Tout constable ou autre officier de paix qui négligera ou refusera de présenter une sommation, ou effectuer une prise de corps, sera condamné à payer une somme qui n'excédera pas 5 liv. sterl. ; et, sur le refus de s'y soumettre, il sera mené en prison ou dans une maison de correction, et y restera un mois, à moins qu'il ne paie plus tôt.

§ XVII. Les amendes, etc., seront réparties devant la justice de paix saisie de l'affaire, et distribuées comme suit : moitié aux inspecteurs des pauvres de la paroisse, et moitié pour couvrir les frais : s'il y avait un excédant sur cette moitié, ce sera pour la personne qui aura provoqué la procédure, ou pour toute autre personne désignée par la justice.

§ XVIII. Tout individu ayant figuré dans les enquêtes ou dans la plainte est reconnu, comme témoin valable, par le présent acte, encore qu'il ait droit à une partie de l'amende à infliger.

§ XIX. L'instruction du procès aura lieu dans le courant d'un mois, à partir d'un mois après l'instant du délit, pas plus tard. dans le comté ou l'endroit même où ce délit aura été commis, et pas ailleurs. Toutes notes et tous renseignements nécessaires seront remis au défendeur, au moins 15 jours avant le commencement du procès.

§ XX. Si quelqu'un se croit en droit de réclamer contre les actes de la justice, il peut et doit en appeler, à condition de donner connaissance de cet appel 15 jours à l'avance, et en formulant le sujet de sa plainte devant le tribunal de la section du quartier le plus proche.

§ XXI. Règle de la procédure.

Tableau des cas de cruauté punis à la poursuite de la Société de Londres, depuis le 3 juin 1835.

Nombre des individus atteints et convaincus, du 3 juin 1835 au 20 mai 1836, quatre-vingt . . . . , . . . 80
   Constables ayant porté témoignage et reçu des gratifications. . 100
   Individus qui se sont présentés comme témoins. 50

Noms des bureaux de police où ces cas ont été jugés.

Bow-Street	15	Queen-Square.	3
Tnion-Hall.	30	Hatton-Gardens.	4
Guild-Hall.	11	Thames-police.	2
Mansion-House	6	High-Street.	5
Worship-Street.	4	Ci-contre.	66
Lambeth-Street.	2	Somme égale.	80

Relevé de quelques-unes des procédures concernant les poursites indiquées dans le numéro 131.

Le 12 juin 1835, Edouard Gasskell, employé de l'administration du

Sun (journal quotidien), parut devant le tribunal de Bow-Street, pour avoir tué un cheval, à force de l'avoir éperonné et maltraité, pour arriver le premier avec des nouvelles d'Epsom (sur les courses). L'accusé fut condamné à 5 liv. sterl. d'amende ou, à défaut, à 3 mois de détention dans une maison de correction. Il paya l'amende dans la soirée.

Procédure suivie par MM. Minshull et Hall, magistrats.

Le 12 décembre 1835, MM. James Crosby, James Sheen (celui-ci fils d'un officier de l'armée), et M. Alfred Cressy, convaincus d'avoir fait combattre deux chiens dans une cave, furent condamnés à payer :

M. Crosby, 3 liv. sterl. 4 shell. 6 den.
M. Sheen, 1   —   14 — 6 —
M. Cressy,   14 — 6 —

Signé Fréderik Roe, Magistrat.

William Barber et John Cocket, tous deux boulangers, convaincus d'avoir fait combattre deux chiens dans un souterrain de leur maison, ont payé chacun 14 shell. d'amende.

Signé Halls, Magistrat.

Le mercredi 6 janvier 1836, Robert Batson, Esq., arrêta le nommé Edouard Smith, assis dans un petit chariot attelé de trois chiens qui étaient dans un état déplorable et qui poussaient des cris affreux : traduit devant les juges de paix de Lambeth-Street, MM. Hardwick et Stock, qui vérifièrent les blessures de ces pauvres animaux à demi morts, l'accusé fut condamné à payer 20 shellings et les frais ou, à défaut, à passer 14 jours dans la maison de correction. Il subit la prison.

M. Batson reçut des remerciments de M. Hardwick, pour avoir agi avec promptitude et conformément à l'acte du parlement sur la protection à accorder aux chiens. Il ajouta que si l'accusé était trouvé en faute une seconde fois, il payerait le double et serait passible du maximum de la peine.

M. Batson chargea M. Youatt, chirurgien vétérinaire de la société pour les animaux, de garder les chiens et de les traiter chez lui à un prix raisonnable. M. Youatt fut alors trouver l'homme, il visita les chiens et les évalua à 15 shell. Leur maître ayant consenti au marché, ils furent transportés chez M. Youatt ; mais, trouvant l'un d'eux trop malade, il le fit tuer de suite, et trouva plus tard un bon maître pour les deux autres.

Charles Pratt, marchand de beurre, convaincu d'avoir, avec une horrible cruauté, donné la mort à un chat, fut condamné à payer :

Pour la valeur du chat. . . .   5 shellings.
Pour l'amende.   40   —
Pour les frais.   1   —   6 den.

Signé Minshull, Magistrat.

Le jeudi 19 mai 1836, un nommé Robert Adlington, maçon

fut convaincu d'excès de cruauté commis envers un chien, pour l'avoir forcé à courir, avec une vitesse de 12 à 14 milles à l'heure, à travers Grove-Lam et Camberwell, jusqu'à ce que l'animal fût tombé anéanti et mourût sur le coup.

Il paya une amende de 10 shellings et les frais.

Signé M. Jeremy, Magistrat.

SUISSE.

En 1434, parut, à Zurich, la première ordonnance concernant les mauvais traitements infligés aux animaux. La Régence d'alors recommandatt aux citoyens « des soins et de la douceur envers les animaux. »

Les nouvelles ordonnances rendues par le Grand-Conseil, à la date du 13 octobre 1844, sont :

1° Celui qui, en maltraitant les animaux, en les surchargeant, ou de toute autre manière, aura causé du scandale, sera puni d'un emprisonnement de 20 jours et d'une amende de 2 à 40 francs (3 à 60, argent de France).

Cette amende pourra être appliquée seule. En cas de récidive, l'amende pourra être portée au double;

2° Au nombre des mauvais traitements et des tourments exercés sur les animaux sont compris les actes suivants :

1. Tuer un animal d'une manière inusitée, en lui causant plus de douleur qu'il n'est nécessaire;

2. Le priver des aliments et soins nécessaires à sa subsistance;

3. Lui faire faire des efforts qui seraient contre sa nature ou qui excéderaient ses forces;

4. Lui causer des douleurs ou des tourments pour atteindre un but illicite, ou même dans un but licite, si les douleurs et tourments qu'on lui fait éprouver ne sont pas nécessaires.

Les amendes perçues appartiendront, pour moitié, au dénonciateur et au fonds des pauvres de la commune, où le délit aura été commis.

Pour la fixation des peines sus-énoncées, le juge prendra pour base la grandeur du scandale causé, ainsi que le tourment éprouvé par l'animal et le degré de corruption de l'auteur du délit;

BAVIÈRE.

LOIS ET ORDONNANCES ROYALES CONCERNANT LES MAUVAIS TRAITEMENTS EXERCÉS CONTRE LES ANIMAUX.

Loi : Seront punis, comme délits de police correctionnelle,

Prescriptions générales.

1° Les mauvais traitements exercés contre les animaux de trait, notamment contre les chevaux. (Sont rangés dans cette catégorie : les surcharges; l'insuffisance de nourriture; l'action de surmener les che-

vaux, de les mener autrement qu'avec des guides croisées ; la négligence
du ferrage à glace, pendant l'hiver ; les vols commis par les cochers.)

Ordonnance royale, en date du 28 avril 1843.

Attendu que tromper leurs maîtres sur la nourriture des animaux,
c'est de la part des cochers, charretiers, et autres individus chargés de
les soigner, non-seulement une cruauté, mais en même temps une action qui porte préjudice aux propriétaires; cette faute sera considérée
comme un délit, et celui qui s'en rendra coupable, puni comme suit :

Si la quantité de fourrage soustraite ne dépasse pas la valeur de
5 florins (environ 11 fr.), le vol restera justiciable de la police correctionnelle ; mais dès qu'elle dépassera 25 florins (55 fr. à peu près), le
fait sera considéré comme un véritable délit, et l'individu passible de
la détention;

2° Les brutalités commises envers les animaux de boucherie pendant leur transport, surtout envers les veaux, les porcs, les agneaux.

Ordonnance royale, en date du 4 mai 1843.

Considérant, après avoir entendu notre conseil de salubrité, séant à
Munich, les dangers que court la santé publique, par la vente des
viandes malsaines, principalement celles qui ont souffert de l'usage où
l'on est de garrotter les veaux et de les tuer dans un état maladif :

1° Tout transport de veaux garrottés est prohibé à l'avenir ;

2° Le transport des animaux devra être effectué dans des véhicules
appropriés à cet effet, et dont le modèle présenté par la Société de
Munich reste adopté.

Art. III. En conséquence, à partir du 1ᵉʳ mai 1843, les dix premiers marchands de veaux qui arriveront au marché avec des voitures
de transport construites d'après le nouveau modèle, seront indemnisés
des frais causés par cette amélioration, et recevront ensuite un prix
décerné par la Société protectrice des animaux.

3° Les bouchers sont tenus d'acheter dans les marchés, que des animaux amenés sans être garrottés. Toute viande d'un aspect douteux
sera confisquée par les inspecteurs des marchés ;

4° Par les grandes chaleurs, le transport des animaux devra s'effectuer pendant la nuit;

5° Les animaux, pendant leur transport, recevront la nourriture nécessaire et seront suffisamment abreuvés ;

6° Défense d'attacher les veaux à la queue de leurs mères, pendant
le transport de celles-ci ;

7° De surmener les porcs, les moutons, et de les traquer avec des chiens ;

8° De laisser effectuer le transport des animaux par des enfants, des
vieillards ou des personnes qui n'ont pas l'habitude de les soigner ;

9° Aux bouchers d'acheter des animaux malades ou blessés ;

10° Les agents de police, les préposés des halles et marchés, inspec-

leurs, etc., doivent veiller à l'exécution de ces prescriptions et dénon-
cer à la préfecture de police de leurs localités respectives toutes contra-
ventions à la présente ordonnance.

Munich, le 4 mai 1843,

Ministère de l'intérieur : de HOERMANN, Président ;
de SPRUNER.

Addition à l'ordonnance ci-dessus.

a. Les inspecteurs des abattoirs auront à refuser les animaux gras,
tels que bœufs, vaches, moutons, porcs, qui, venant de trop loin ou
ayant été surmenés, auront les pieds blessés, ou arriveront boiteux et
souffrants à l'abattoir.

b. Tout animal, portant des traces de mauvais traitements éprouvés
pendant la route, sera confisqué.

Ordonnance particulière de police (24 *décembre* 1843).

Sont justiciables de la police correctionnelle les actes suivants
qualifiés de cruauté inutile, savoir :

1° Laisser, sans les tuer, les poissons hors de l'eau dans les marché sc
la chair des poissons morts étant malsaine ;

2° Traquer et pourchasser les porcs ou la volaille pour leur donner
un goût de venaison, et les vendre ensuite pour du gibier ;

3° Les combats d'animaux, de chiens, de coqs, le tir à l'oie, etc.,
seront punis d'un emprisonnement de 1 à 6 mois ;

4° L'abattage, selon le rit juif, encore pratiqué par certains Israélites
avec une barbarie révoltante ;

5° Les tortures que les enfants ont l'habitude, sous prétexte d'amusement, de faire souffrir aux insectes, comme mouches, papillons, han-
netons, etc.;

6° L'attelage des chiens ;

7° Plumer les oiseaux, écailler les poissons encore vivants ;

8° Les opérations et expériences chirurgicales pratiquées sur des animaux être connues inutiles, telles que : application du fer rouge au palais des chevaux; opérations des avives, de l'onglet, de l'œil, telles que
les anciens les pratiquaient dans les cas de fluxion lunatique; les médi-
caments administrés par les naseaux, et autres abus de ce genre;

9° La chasse aux oiseaux chantants qui sont utiles à la destruction
des insectes ;

10° Crever les yeux aux oiseaux chantants ;

11° Arracher le train de derrière aux grenouilles, avant de les avoir
tuées ;

12° L'abattage trop lent des animaux, soit par maladresse, soit pour
obtenir d'animaux égorgés à moitié une plus grande quantité de sang.

Loi du 14 juin 1843.

Sur la proposition faite par la Société de Munich, il a été arrêté, dans l'intérêt des propriétaires et de la sécurité publique, que toute contravention aux prescriptions suivantes sera passible de l'amende ou de la détention.

Par ces prescriptions, il est défendu :

1° De surcharger les chevaux, soit trop jeunes, soit trop vieux ;

2° De les frapper sur la tête, ce qui les expose à devenir borgnes ou aveugles, ainsi qu'on en voit tant d'exemples , surtout dans les campagnes ;

3° D'atteler des chevaux ombrageux ou méchants, sans avoir pris toutes les précautions nécessaires pour ne pas compromettre la sécurité publique ;

4° De mener des chevaux sans œillères ;

5° D'atteler des chevaux malades, boîteux ou blessés ;

6° De se servir d'autres fouets que ceux dits à mèches, prescrits et adoptés par la Société protectrice des animaux ;

7° De faire usage du fouet sans nécessité ou de le faire claquer mal à propos : ce qui, d'une part, expose les passants à être blessés, et de l'autre, est à considérer comme une habitude mauvaise à donner aux chevaux, et qui occasionne des disputes ;

8° Laisser les chevaux mal ferrés ;

9° Négliger, en hiver, de les faire ferrer à glace ;

10° De séparer trop brusquement les jeunes animaux de leurs mères, attendu qu'un mauvais sevrage porte préjudice au propriétaire d'abord, puis à la prospérité agricole en général ;

11° De laisser les chevaux manquer d'eau ou de fourrage.

12° Sera arrêté tout roulier ou cocher stationnant devant la porte d'un cabaret avec son attelage, lorsqu'il fait trop froid, pendant une averse ou par un soleil trop ardent ;

13° Défense au conducteur de s'asseoir sur une voiture chargée, ou bien de rester en selle sur son porteur en montant une côte rapide ;

14° Sera punie la négligence apportée à garantir, en été , les animaux et notamment les chevaux contre les mouches et les taons qui, en les harcelant, mettent en danger les personnes que les chevaux transportent ;

15° Les maires, les curés, les membres de la Société d'agriculture , seront tenus d'éclairer les habitants des campagnes sur les inconvénients qui résultent de l'insalubrité des habitations de leurs animaux; de leur faire comprendre le tort qu'ils se font à eux-mêmes, par leur négligence à cet égard, et les dangers qui en résultent pour la salubrité publique. Si leurs efforts restaient sans effet, l'autorité devra en être informée, et elle emploiera alors les moyens indiqués par la prudence et l'intérêt général pour arriver à ce résultat ;

16° Défense est faite aux propriétaires de vendre les chevaux vieux et misérables reconnus impropres à servir plus longtemps. L'autorité les fera abattre : s'il y a eu vente, le vendeur sera tenu de rembourser à l'acquéreur le prix d'achat, et devra payer, en outre, une amende de 1 kron thaler (4 fr.) ;

17° Défense est faite de traîner par les pieds, par la queue ou par les corne, des animaux près d'expirer ou qui ont des membres cassés ;

18° Sera puni tout mauvais traitement exercé par des enfants sur des animaux. Les parents, précepteurs, gouvernantes, bonnes d'enfants en seront responsables, et seront punis pour avoir permis aux enfants des amusements de ce genre aussi dangereux pour leur moral;

19° Défense est faite de torturer inutilement les animaux destinés à la consommation, tels que volailles, poissons, écrevisses, escargots, etc.; par exemple, ces derniers ne doivent pas être mis vivants à cuire lentement; mais ils devront être jetés de suite dans de l'eau bouillante. (Les maîtres et maîtresses de maison sont priés de veiller à la stricte exécution de ces prescriptions) ;

20° Les volailles et les poissons ne devront point être apportés aux marchés, empilés dans des hottes : ces derniers devront être portés dans des filets ;

21° Défense sévère est faite de laisser les enfants assister à des tueries d'animaux ;

22° La destruction des nids d'oiseaux chanteurs sera punie d'une amende de 5 florins; et la vente de chaque oiseau chanteur d'une amende de 1 florin 30 kreutzers.

Toute contravention aux ordonnances ci-dessus sera punie d'amende et de prison en cas de récidive.

Ministère de l'intérieur :
De HOERMANN, président;
DE SPRUNER.

Munich, le 14 juin 1843.

WURTEMBERG.

En Wurtemberg, le Code de police correctionnelle de 1839, art. 55, punit d'une réprimande sévère la simple brutalité; et les cruautés, selon leur nature, peuvent entraîner une amende de 15 florins, ou de huit jours de prison.

L'art. 55 de la loi dit :

« Sera punie toute brutalité envers les animaux, capable de blesser le sentiment public : qu'on la commette méchamment ou par légèreté sur un animal appartenant à l'auteur du délit ou à autrui.

» Seront punis sévèrement encore ceux qui maltraiteront les animaux de trait, qui les surchargeront, les abandonneront dans les rues, et les laisseront inutilement sans abri, exposés aux intempéries de l'air.

» La vente des chevaux infirmes ou trop âgés est interdite, ainsi que la destruction des oiseaux de chant. »

AUTRICHE.

Diverses ordonnances existent dans les différentes provinces (gubernium) de l'empire : voici les principales:

GUBERNIUM DE HONGRIE.

Le bourguemestre de la ville d'Ofen (Bude), en conformité d'un décret impérial, a publié, en 1840, une ordonnance en vertu de laquelle doivent être punis tous ceux qui se permettent de maltraiter des chevaux ou autres animaux de trait, de somme ou de bât.

GUBERNIUM DU TYROL ET DU VORARLBERG.

La régence a promulgué, le 24 juin 1837, une ordonnance qui défend :

1° D'exciter des chiens l'un contre l'autre, sous peine d'une amende de 2 florins;

2° De prendre des oiseaux de chant.

Dispositions particulières.

Attendu que dans les dernières années, les insectes nuisibles aux céréales, arbres fruitiers, vignes, se sont multipliés de manière à provoquer des plaintes nombreuses ;

Attendu que les sociétés et comices agricoles, après s'être livrés à des recherches, ont constaté que la cause de ce fléau devait, en grande partie, être attribuée à la destruction des oiseaux de chant .

La régence renouvelle l'ancienne défense d'enlever les œufs, de détruire les nids, ainsi que de déranger les oiseaux chanteurs durant le temps de la couvée, c'est-à-dire depuis le mois de mars jusqu'au mois d'août; comme aussi de les poursuivre et de les prendre.

Les gardes-champêtres devront veiller à la stricte exécution de la présente ordonnance.

Les personnes qui y contreviendront, seront punies d'amende ou même de prison, selon la gravité du délit.

Il est enjoint aux parents, instituteurs, etc., d'empêcher les enfants ou élèves de se livrer à de pareils amusements, et ils seront responsables de tous les actes de ce genre commis par les enfants ou les élèves.

Les préposés des halles et marchés auront à veiller à ce qu'il ne soit pas vendu d'oiseaux de chant pendant les mois indiqués ci-dessus (de mars à la fin d'août).

Ils confisqueront ceux qu'ils verraient exposés en vente, et les rendront à la liberté.

Le gouverneur :
Signé , baron de BUOL.

Inspruck, le 27 avril 1838.

PRINCIPAUTÉ DE SCHWARZBOURG-SONDERSHAUSEN.

Günther-Frédéric-Charles, par la grâce de Dieu, prince de Schwarzbourg-Sondershausen, etc.

Nous avons appris que, dans plusieurs Sociétés qui se proposent de travailler à la prospérité de l'agriculture , en cherchant à protéger les animaux domestiques et à améliorer leur état, nous désirons que des Sociétés semblables s'établissent dans notre principauté ; les assurant d'avance de toute notre approbation, et chargeant même l'autorité d'en faciliter l'exécution.

En attendant, pour mettre un terme aux actes de cruauté dont les animaux domestiques ont été trop longtemps victimes, la législation pénale est appelée à intervenir; et nous ordonnons ce qui suit :

I. Tout individu qui, avec intention, maltraitera un animal quelconque, que ce soit sa propriété ou celle d'autrui, ainsi qu'il va être dit :

(*a*) En le tuant d'une manière autre que celle adoptée par les réglements, et en le faisant souffrir plus qu'il n'est besoin ;

(*b*) En le mettant à mort sans nécessité et hors les cas prévus par la loi ;

(*c*) En le privant volontairement de la nourriture indispensable à son existence ;

(*d*) En lui imposant des travaux au-dessus de ses forces, sera déclaré coupable, et, comme tel, condamné à six semaines de prison, et même à une amende proportionnée au délit.

II. Le degré de méchanceté ou de malice, et même les antécédents de l'individu accusé de cruauté envers les animaux devront servir de base pour déterminer la punition qui lui sera infligée.

III. En cas de récidive, on élèvera la peine dans la proportion qui existe pour les autres délits.

IV. Les parents, tuteurs ou maîtres, s'ils ont eu connaissance d'un délit de ce genre, et s'ils n'ont point cherché à le prévenir , seront considérés comme y ayant pris part et punis en conséquence.

V. Le produit des amendes sera versé dans la caisse de la maison des orphelins établie dans le district où ces amendes auront été encourues.

Nous ordonnons à nos préfectures (Regierungen) de prendre les dispositions nécessaires pour que les délits ci-dessus détaillés soient dénoncés. Chaque délit donnera lieu à une enquête et sera, ainsi que le nom du délinquant, porté à la connaissance du public par la voie des journaux, et affiché dans les communes.

Sondershausen, le 5 mars 1843.

Signé, GUNTHER-Frédéric-Charles.

BELGIQUE.

Une ordonnance récente vient d'interdire les combats d'animaux, ainsi que tous les jeux qui tendent à faire souffrir les animaux, ou à les mettre à mort inutilement.

PRUSSE (Oberzeen).

Le baron de Seckendorf vient de défendre, dans sa juridiction, aux bouchers des Juifs d'employer plus longtemps leur mode barbare d'abattre les bœufs, d'après leur rit.

PRINCIPAUTÉ DE HOHENZOLLERN-HECHINGÉN.

Le prince Frédéric a publié, le 9 décembre 1843, le décret suivant concernant les chevaux et autres animaux employés au trait :

« Sera puni tout individu coupable d'avoir surchargé des chevaux, » surtout des chevaux déjà âgés ou faibles. »

Suivent les prescriptions semblables à celles adoptées en Bavière.

Les peines encourues sont de 20 kreutzers à 6 florins, ou d'un jour à trois jours d'emprisonnement : si le délit est grave, le délinquant devient passible de *punition corporelle*.

Hechingen, novembre 1843.

Ministre de l'intérieur :
Signé, de WANGENHEIM.

Faits ou articles divers motivant l'utilité et l'importance des Sociétés protectrices des animaux.

L'association de Munich pour la répression *des mauvais traitements envers les animaux*, après avoir vu ses principes chaleureusement accueillis par l'opinion publique, a déjà eu le bonheur de faire cesser bon nombre d'abus fâcheux dont se trouvaient journellement victimes les animaux les plus utiles pour l'agriculture et la consommation ; en ce moment elle s'occupe, avec les mêmes chances de succès, de réagir contre la mode absurde *d'anglaiser* les chevaux. Les hommes de sens et de bonne foi conviennent que cet usage, outre sa barbarie, est littéralement opposé aux prévisions de la nature en ce qu'il ôte à l'animal son unique moyen de défense contre l'obstination des insectes dont la piqûre peut le porter à un degré d'exaspération souvent très-dangereux dans ses effets. Personne ne peut d'ailleurs raisonnablement nier qu'une queue longue et bien fournie ne soit un ornement pour un cheval ; aussi les pays qui se distinguent le plus par leurs beaux chevaux, se gardent-ils bien de leur faire subir cette cruelle opération.

La mode n'étant jamais qu'une affaire de convention et de

caprice, il est certain que si plusieurs *fashionables* se don-
naient le mot, elle se prononcerait bien vite dans le sens par
nous indiqué ; et le moment ne tarderait pas à venir où l'on
n'oserait plus, sous peine de passer pour ridicule, se montrer
avec des chevaux *anglaisés*.

Les médecins vétérinaires paraissent être les premiers à se
ranger à notre avis. Voici ce que dit l'un d'eux. M. Steingaszinger, dans un rapport à lui demandé sur ce sujet par M. le
conseiller Perner, vice-président de la Société, et au nom de
S. A. R. le prince Edouard, président.

« L'usage d'*anglaiser* les chevaux, le *niquetage*, ne doit être
considéré que comme une monstruosité de la mode, ou, pour
mieux dire, c'est un attentat contre la nature. Cette opération,
aussi inutile que cruelle, est une invention anglaise, qu'a fait
adopter en Allemagne un penchant aveugle à l'imitation. Elle
consiste à fendre et même à enlever une partie des muscles
abducteurs de la queue ; mais la privation de ces muscles ôte
à la queue la force et l'élasticité nécessaires pour éloigner ou
chasser les insectes malfaisants qui s'acharnent sur le cheval,
et s'attachent de préférence aux parties du corps où la peau
est fine, telles que l'intérieur des cuisses, le ventre, les parties
génitales.

» En outre, ces chevaux, que les appréciateurs du vrai beau
n'hésitent pas à appeler *mutilés*, après avoir subi, non sans
d'atroces souffrances, le despotisme ridicule d'une mode si anti-
naturelle, n'atteignent même pas toujours le degré de perfection voulue du *porter élégant*, qui fait l'orgueil des personnes
auxquelles ils appartiennent.

» Steingaszinger.

» Médecin vétérinaire de la police civile, membre de la Société
protectrice des animaux, à Munich. »

Munich, 29 septembre 1846.

Le nombre des adhérents à notre Société continue à s'accroître de jour en jour. S. A. R. Mme la princesse Louise,
épouse du prince Frédéric de Prusse, vient de se faire inscrire
comme membre titulaire.

Les régences royales de Souabe et de Neubourg ont publié
une circulaire officielle contenant l'extrait des derniers
comptes-rendus de la Société de Munich ; une note dans laquelle elles expriment à la Société leur pleine et entière ad-

hésion à ses principes, et leur reconnaissance des efforts qu'elle ne se lasse pas de faire pour arriver à son louable but; une recommandation aux autorités de lui prêter aide et appui, et surtout de favoriser l'ample distribution *des historiettes et petites images* que la Société publie (*Pfennigsbilder*) déjà tirées à 2,400,000 exemplaires. Au mois d'août dernier, l'état-major de la gendarmerie royale a fait distribuer entre les militaires de ce corps 1,800 exemplaires desdites circulaires, et un égal nombre de petites brochures, avec injonction de contribuer autant que possible au développement des principes de la Société, et de veiller à ce qu'on y ait égard, suivant les ordonnances des autorités royales et civiles.

À l'étranger aussi, à Paris, dans le Hanovre. à Gœrtz, à Trieste, nous voyons se former des Sociétés semblables à celle de Munich. Toute l'académie polytechnique impériale de Trieste, professeurs et élèves, a envoyé son adhésion à la Société constituée à Gœrtz, et le magistrat de Trieste s'est chargé de lui procurer des adhérents et des dons gratuits.

Le commissariat impérial des finances de Gœrtz en fait autant. A Milan, on s'occupe d'une nouvelle édition des petits ouvrages de MM. Zagler et Perner, ainsi que des *Pfennigsbilder* de M. Gail, sous le titre italien de *Novelline* (petites nouvelles).

Tout récemment encore, nous avons appris avec une bien vive satisfaction qu'une Société pareille vient également de se former à Athènes, au sein même de cette terre classique toujours prête à répondre aux impulsions généreuses.

<hr>

RÉCLAMATION.

Nous recevons la réclamation suivante, que nous nous empressons d'autant plus volontiers d'insérer, qu'elle est une nouvelle preuve de l'accueil favorable que font les bons esprits à une institution dont l'utilité sociale ne peut être mise en doute. (*l'Union agricole*)

A M. Parisot de Cassel, secrétaire général de la Société protectrice des animaux.

Monsieur le secrétaire général,

... Je regrette que mon nom ait été omis dans les listes des membres de la Société: je trouve un tel plaisir et honneur à en faire partie, que j'eusse désiré m'y voir figurer des premiers, moi qui, par une commune sympathie, adressais un mémoire à M. Dittmer, l'ancien directeur de l'agriculture et des haras au ministère, sur le résultat des mauvais traitements exercés contre les animaux, au moment où, dans le même but, vous fondiez une Société qui sinon illustrera, du moins honorera notre siècle; mais je comprends trop bien les erreurs auxquelles entraîne un grand concours d'affaires, et presque pythagoricien, je suis trop ami de l'humanité et de l'agriculture pour ne pas révendiquer ma place et continuer à apporter, au sein de l'honorable Société protectrice des animaux, le concours de mes efforts propagateurs et de mes cotisations.

Je vous prie, en conséquence, Monsieur le secrétaire général, de me faire réintégrer sur les listes, en vertu de ma lettre de nomination à la date du 11 mai dernier, faisant réponse à ma demande du 17 avril précédent, et je serais heureux que cette réintégration eût lieu conformément à l'ordre de date d'inscription.

Il me reste maintenant à vous remercier de votre aimable envoi des feuilles de l'*Union agricole* qui m'ont d'autant plus intéressé que, délégué par le ministère, comme secrétaire, auprès de la commission de Chine, je n'ai pu trouver le temps, depuis plus de 3 mois, de suivre autrement les travaux de la Société. J'y ai vu, avec bien grand plaisir, de combien de noms recommandables la Société s'était accrue, et je ne doute pas que bientôt par une influence toute morale, comme celle des Banians en Abyssinie, nous n'arrivions à faire disparaître des restes de barbarie qui n'ont que trop long-temps affligé l'humanité et porté une grave atteinte à l'agriculture, au mépris du fameux adage de Sully :

« Labourage et pastourage, voilà les deux mamelles de l'État.»

Recevez, etc.

Paris, novembre 1846.

A. CHATELAIN.
Employé au ministère du commerce et d'agriculture.

Nous apprenons que la Société de Londres : *Pour prévenir les cruautés exercées sur les animaux,* vient d'adresser au pape un mémoire contre les **combats de taureaux.** (*Union agricole.*)

Nos lecteurs apprendront sans doute avec intérêt que la pensée qui a présidé à la fondation de la Société protectrice des animaux a trouvé non pas seulement à Paris, mais aussi dans les départements, une éclatante approbation. La Société d'agriculture de l'Allier a, la première, manifesté ses sympathies; aujourd'hui c'est le tour de la Normandie, ce berceau de notre industrie chevaline.

La *Normandie agricole,* non contente d'ouvrir ses colonnes à la Société protectrice des animaux, en lui consacrant un article spécial, nous apprend que l'ACADÉMIE DE MÉDECINE DE CAEN se préoccupe aujourd'hui d'une question qui intéresse au plus haut point la salubrité publique, et sur laquelle nous avons les premiers attiré l'attention, celle des mesures à prendre pour que les animaux destinés à la boucherie soient amenés sur les marchés ou conduits aux abattoirs sans éprouver de ces tortures qui nuisent essentiellement à la qualité de la viande.

Ce qui paraît avoir fixé plus particulièrement l'attention du corps savant, c'est l'état dans lequel les veaux sont traités dans le transport et sur la place du marché. Ces malheureux animaux, les quatre pattes liées ensemble et souvent tellement serrées que les cordes pénètrent dans les chairs tuméfiées et presque gangrenées, sont jetés pêle-mêle dans une charrette, la tête pendante et heurtée à chaque secousse contre les montants de la voiture; arrivés sur le marché, ils sont étendus, tantôt sur un sol glacé, sous une pluie battante, où l'on peut les voir grelotter, tantôt sous un soleil brûlant qui les asphyxie à demi. — Il est aisé de comprendre que les animaux qui, avant d'être tués, ont éprouvé de telles souffrances, ne peuvent fournir une nourriture aussi bonne que s'ils arrivaient bien portants à l'abattoir. Il y a, pour la plupart des consommateurs, répugnance bien naturelle à manger de la chair d'animaux morts accidentellement, ou d'une maladie quelconque; or, presque tous les veaux qui sont mis en vente sur les marchés sont *gravement malades quand on les met à mort*, et vraisemblablement un grand nombre périraient de diverses maladies, si on les retirait du marché avec intention de les conserver.

La *Normandie agricole*, après avoir fait connaître à la commission les ordonnances royales de Bavière que nous avons déjà publiées dans le temps, ajoute :

« Nous félicitons notre académie de médecine de ses bonnes
» intentions, tout en regrettant qu'elles ne se réalisent pas
» plutôt. Il est de l'intérêt général que l'avis de ce corps com
» pétent vienne éclairer l'administration sur ce qu'il convient
» de faire pour la santé publique; il est de l'intérêt même du
» corps qui a pris cette honorable initiative de ne pas se laisser
» devancer et, à cet effet, de publier sans retard le rapport de
» sa commission. »

Nous nous plairons à suivre les travaux de la commission de l'Académie de médecine de Caen. Ils ne pourront manquer d'éclairer encore une question à laquelle la Société de Paris a déjà eu le bonheur de voir le gouvernement s'intéresser. Ce nouveau concours, cet hommage rendu à nos principes, nous fera redoubler de zèle et d'activité; car notre Société ne peut devenir vraiment influente et forte qu'en marchant appuyée sur le pays tout entier; alors aussi il lui sera plus facile d'obtenir que la législation fasse pour nous ce qu'elle a fait dans d'autres pays, car à notre voix s'unira celle de toute la France.

Voici l'observation qu'un médecin de Caen adresse à M. Se-minel, directeur de la *Normandie agricole*, relativement aux conséquences de la barbarie avec laquelle sont traités les veaux destinés à la boucherie. Nous appelons également l'attention sur cette communication :

« Monsieur, votre recueil a plusieurs fois déjà, et avec grande raison, signalé les graves inconvénients des mauvais traitements exercés envers les animaux domestiques, et spécialement de l'espèce de torture que l'on fait éprouver aux bestiaux destinés à la boucherie. Voici, à l'appui de vos observations, un double fait dont je vous garantis l'exactitude, car c'est moi qui l'ai constaté :

» Dernièrement, la fantaisie m'ayant pris de manger des poumons de veau (partie de l'animal désignée dans le commerce de la boucherie sous le nom de *couraie*), j'en fis acheter dans une des bonnes boucheries de Caen. Lorsque l'on fut sur le point de préparer cette chair, on crut s'apercevoir qu'elle était de mauvaise qualité, et en effet, en les examinant, je les trouvai profondément altérés; ils étaient *remplis de tubercules*, et *les bronches étaient en état complet de suppuration.*

» J'envoyai acheter de suite une autre couraie, et je la trouvai dans un état tout à fait semblable à la première.

» Je ne fais aucun doute que cette affection doit être attribuée exclusivement aux tortures que l'on fait subir aux malheureux animaux, soit en les amenant au marché, soit en les y laissant exposés à toutes les intempéries des saisons.

» Il ne peut, dès-lors, être douteux que la chair de l'animal arrivé à cet état de maladie est très malsaine. J'ajouterai même que j'ai la conviction que sur dix des veaux que l'on relèverait de sur nos marchés, il n'en est pas un qui pût se rétablir. Tel est l'état de l'une des viandes dont il se fait une des plus grandes consommations.

» Je vous soumets, Monsieur, cette observation, avec l'espoir que les gens, chargés de l'approvisionnement de nos marchés et le commerce de la boucherie, comprendront que, sinon par humanité, du moins par la raison de leur intérêt, il faut s'accoutumer à traiter avec moins de barbarie les veaux qui vont être abattus; car bien des consommateurs, éclairés sur l'état maladif des animaux qu'on leur fait manger, s'abstiendraient d'une viande qui leur paraîtrait dégoûtante et de nature à compromettre leur santé.

» D'autre part, j'espère que les administrations municipales, dans les droits et les devoirs desquelles il entre de prescrire toutes les mesures que réclame la salubrité publique, n'hésiteront pas, devant un état de choses pareil à celui que je vous signale, à prendre des arrêtés pour y mettre promptement un terme. »

CRUAUTÉ ENVERS LES ANIMAUX.

On sait qu'il existe à Paris une Société protectrice des animaux. Aujourd'hui on nous signale un fait qui rentre dans les attributions de cette Société. Il s'agit du pitoyable état dans lequel les animaux arrivent à l'abattoir : exténués de fatigue, meurtris de coups, on les voit souvent entrer dans des accès de rage ou de frénésie, et leur chair est déjà corrompue par suite des traitements indignes que pendant tout le trajet on n'a cessé de leur faire subir.

L'animal, pendant son engraissement, est accoutumé à des soins tout particuliers. Pour que les fourrages qu'on lui donne lui profitent dans une proportion avantageuse, on les lui laisse consommer et digérer en repos. On le tient propre, il est chaudement couché et mange à des heures régulières. On a fini par comprendre que ce sont là des conditions indispensables pour que l'engraissement profite au cultivateur. Tout le temps que l'animal reste chez l'éleveur, sa vie est douce. Mais enfin, le boucher s'en empare, et dès lors commence pour a pauvre bête un martyre continuel ; son nouveau maître voit en elle, non pas un être animé, mais une masse de chair, rien autre chose. Les veaux placés pêle-mêle dans des charrettes, quelquefois sans paille, la tête pendante en dehors de la voiture, les jambes tellement serrées par des cordes que souvent leur peau est coupée, sont, à l'arrivée au marché, jetés sur le flanc tantôt sur un sol mouillé ou glacé, tantôt exposés à un soleil ardent. Quelques heures d'un pareil voyage mettent l'animal dans un état déplorable et corrompent sa chair encore palpitante. Nous n'insisterons pas aujourd'hui sur le danger qu'il y a à manger fréquemment de la viande provenant d'animaux ainsi traités, et qui étaient déjà à demi morts avant d'être abattus.

Si c'est un bœuf, son sort n'est pas meilleur. Amené de loin, on le fait marcher jour et nuit, sans lui laisser prendre de repos, sans lui donner de nourriture. S'arrête-t-il un moment, épuisé par le besoin et la fatigue, son conducteur et le chien de ce dernier se jettent sur lui et l'abîment. Nous avons vu, dans Paris, un porc gras qui avait reçu tant de morsures et de coups de bâton, que le sang ruisselait de ses oreilles et de ses cuisses en lambeaux ; il mit plus d'une demi-heure pour aller du pont Royal au pont des Arts, c'est-à-dire pour faire un trajet de quatre à cinq cents mètres. Il est de notoriété publique que beaucoup de bœufs arrivent aux abattoirs de Paris dans un état de rage, surtout pendant les grandes chaleurs. On nous dit que M. le préfet de police, qui a voulu faire partie de la Société protectrice des animaux, a déjà tenté un commencement de réforme, en ordonnant à ses agents d'éloigner les enfants toutes les fois qu'il se commettra dans les rues quelque acte de cruauté contre les animaux. Il a compris qu'il faut dérober à l'enfance la vue de pareilles scènes, afin que l'habitude ne finisse point par l'y rendre indifférente. Si la chose est vraie, nous dirons à M. le préfet qu'il est entré dans une excellente voie, mais que ce n'est encore là qu'un premier pas. A la suite d'un rapport présenté par MM. Cailleux et Lebidois sur les propriétés malfaisantes de la chair des animaux soumis à ces tortures, l'administration municipale de Caen vient de prendre un arrêté portant que les veaux seront maintenus sans lien sur les marchés, et que des anneaux seront fixés de distance en distance au mur pour attacher les animaux qu'on ne pourrait tenir en place. Mais ces mesures ne seront que des palliatifs impuissants tant que la police n'interdira pas la vente de tous les bestiaux qui n'arriveraient pas en parfait état sur les marchés.

(Journal d'Agriculture pratique.)

EFFET DE LA BRUTALITÉ SUR LES ANIMAUX DOMESTIQUES.

Nous ne voulons pas rappeler ici les scènes de cruauté dont nous pouvons voir chaque jour le triste spectacle; notre tâche est de faire connaître la funeste influence qu'elles exercent sur l'intelligence comme sur les formes et la santé des animaux qui en sont les victimes

Stupides, méfiants, indociles, les animaux conduits avec brutalité font toujours un mauvais service et donnent peu de produits. Presque tous les chevaux méchants ne le sont devenus que pour avoir été maltraités dans leur jeunesse. Ils sont d'un caractère fier ; un brutal excite leur colère vindicative, et ils ont pris en haine l'espèce humaine tout entière.

Sans cesse tourmentés par des valets méchants, irascibles, sans intelligence, nos animaux domestiques sont chétifs, faibles, malades, s'engraissent difficilement malgré la grande quantité de nourriture qu'ils consomment ; et il n'est pas rare de voir les actes de brutalité occasionner des accidents immédiats, des plaies, des ruptures, des fractures, l'avortement, etc.

Pour les bêtes de boucherie, la cruauté a peut-être encore des suites plus funestes. Un coup, qui n'aurait eu aucune conséquence apparente chez un animal qu'on aurait laissé vivre, en déprécie la viande si on le tue peu après qu'il a été frappé. Le sang est attiré sur la partie blessée, il s'y forme une fluxion ; la chair devient noirâtre, a un mauvais goût, et se conserve peu de temps. Si les animaux sont très-gras, un coup peut déterminer la gangrène et rendre la viande insalubre. Dans tous les cas, la chair d'un animal qui a été battu se corrompt vite.

Des mesures prises par l'administration, défendant et poursuivant tous les actes de brutalité, exerceraient une influence salutaire sur les mœurs publiques et sur la richesse nationale ; car il est de l'intérêt de la société que les hommes s'habituent à traiter avec douceur les êtres doués d'intelligence et de sensibilité, qui naissent, vivent, travaillent et meurent pour nous.

Mais les habitudes de brutalité envers les espèces domestiques ne portent pas seulement préjudice à la société, en dépréciant une des principales branche de la richesse publique ; elles lui nuisent encore plus par les mœurs grossières, barbares, qu'elles font naître et qu'elles entretiennent. Tous nos penchants sont plus ou moins subordonnés à l'habitude et à l'exemple, qui peuvent les développer ou les réprimer. L'homme accoutumé à mener avec rudesse des êtres inférieurs, celui qui voit traiter, qui traite les animaux avec brutalité, qui ne sait réprimer ses mouvements de vivacité, sa colère, qui est injuste et cruel, peut-il avoir pour ses semblables des sentiments doux et humains ?

(Le Quimpérois.)

On lit ce qui suit dans un journal de Francfort, du 12 septembre 1847 :

« Le 9 a eu lieu la réunion générale de la Société pour la protection des animaux. L'assemblée a unanimement adopté les conclusions de sa commission relatives à la nécessité de la propagation de l'usage de la chair de cheval, et lui a recommandé de prendre toutes les mesures qu'elle jugera à propos pour atteindre ce but. Les conclusions de la commission reposaient sur ces trois points :

1° Qu'il fallait combattre un préjugé invétéré ; 2° que l'usage de la chair de cheval contribuerait à soulager le sort de la classe pauvre, 3° et enfin à adoucir celui d'une des plus utiles espèces d'animaux.

La question de la viande du cheval devant l'académie royale de médecine de Bruxelles. — Il résulterait d'un rapport sur la consommation des chevaux comme aliment de boucherie :

Que le débit de la viande, provenant de chevaux sains, peut être autorisé sans inconvénients pour la santé publique.

Le département du Nord est un de ceux où les principes qui animent la Société protectrice ont trouvé l'accueil le plus prompt et le plus sympathique. Les partisans de notre Société apprendront avec plaisir que les graves intérêts qui se rattachent à l'existence des animaux viennent d'être portés au sein du conseil général du département du Nord. Il en a reconnu la haute importance, et a recueilli avec empressement le vœu d'un de ses membres, au sujet des moyens de *mettre un terme aux traitements barbares, inutiles et dangereux sous plus d'un rapport, auxquels sont exposés les animaux.* Il se plaint qu'en France aucune loi ne punisse ces actes de cruauté. Il rappelle qu'il existe à Paris une société qui s'est mise à la recherche des moyens de les faire cesser ; mais les bonnes intentions de cette honorable association ne sauraient remplacer un TEXTE DE LOIS. — C'est pourquoi l'opinant désire qu'une disposition législative intervienne pour punir l'action de causer, sur la voie publique et avec scandale, des douleurs ou des tourments aux animaux pour leur faire faire des efforts au-dessus de leurs forces.

L'expression de ce vœu est *adoptée !*

En attendant que le cours périodique des séances nous permette de publier en détail leurs comptes-rendus, nous croyons être agréables aux membres de la Société en les informant par avance des nouvelles et flatteuses manifestations qu'elle vient encore de recevoir ; ces manifestations publiques prouvent assez qu'en France il y a partout des esprits élevés qui savent comprendre et apprécier l'importance et le but réel de la Société, sans s'arrêter à de futiles ou à de fausses interprétations données çà et là par la malveillance ou l'*excentricité*. A Versailles, M. le docteur Bérigny vient de former une Société protectrice des animaux, en quelque sorte succursale de celle de Paris, et demandant à être guidée par elle dans ses travaux.

Le comice agricole de la plaine de Schlestadt (Bas-Rhin), par la voix de son président, M. Drion (président du tribunal de Schlestadt, vient manifester à notre Société une pleine et entière adhésion, dans un mémoire parfaitement écrit, dont nous rendrons compte plus tard.

La Société académique agricole de Falaise (Calvados) écrit à notre Société pour lui annoncer également son adhésion, et se fait inscrire sur ses listes pour une cotisation de cinq francs.

Déjà nous avons publié, en son temps, les adhésions nombreuses dues à la bienveillance de M. Des Colombiers, président de la Société d'agriculture de l'Allier, et celle de M. le duc de Praslin, au nom de la Société d'agriculture de Seine-et-Marne, qui a souscrit pour une cotisation de 25 fr.

Nous espérons, sous peu, grâce à la protection que veut bien nous accorder M. le ministre de l'agriculture et du commerce, mettre à exécution les vœux exprimés par plusieurs membres de la Société, et pouvoir par quelques publications plus largement répandues, faire mieux connaître encore son existence et son but ; dès lors, en effet, elle ne pourra manquer d'avoir pour adeptes tous les amis de la morale et de l'agriculture, véritables artisans du bien-être de l'humanité.

(*Union agricole* du 20 mars 1847.)

TRAIT D'INTELLIGENCE D'UN CHEVAL.

Le *Courrier du Gard* rapporte un fait qui, s'il est exact, serait un des traits les plus remarquables qu'on ait encore recueillis de l'intelligence des animaux. Le journal ajoute que ce fait semblerait incroyable s'il ne s'était passé en présence de plus de 200 personnes de la ville de Nîmes :

«Un cheval fougueux, qui venait probablement de s'emporter, traversait avec une effrayante rapidité l'étroite rue de l'Enfance, lorsque, arrivé en face du Château-Fadaise, des cris d'effroi retentissent, et tout d'un coup l'animal indompté s'arrête, tressaille et hennit à la vue de trois jeunes enfants étendus sur le pavé, et auxquels la peur d'être foulés aux pieds faisait pousser des cris de détresse; puis s'approchant du plus jeune, il promène un moment sur sa tête sa bouche écumante, lui passe bien doucement le pied sur les genoux, et s'en retourne tranquillement.

L'animal fougueux avait reconnu le fils d'un des amis de son maître!

Cruauté envers un troupeau de moutons.

Un acte de stupide et d'atroce vengeance vient d'être commis dans le canton de Laruns, près Tarbes. On s'est introduit, pendant la nuit, dans une bergerie du village de Bilhères, et on A COUPÉ UNE JAMBE à chacune des vingt-cinq brebis qui s'y trouvaient.

DE L'HUMANITÉ ENVERS LES ANIMAUX.

Et dulces animas plena ad præsepia reddunt.

(VIRGILE.

Nous apprenons avec une grande satisfaction qu'une association s'occupe d'un projet de pétition à la chambre des députés pour la répression des cruautés exercées sur les animaux, et notamment sur les chevaux. Il est consolant de penser que la sollicitude de cette Société ne se borne pas seulement aux chevaux de race, mais qu'elle s'étend encore à ceux qui sont nés dans une condition plus humble, aux chevaux roturiers enfin qui, pour être moins nobles, n'en souffrent pas moins dans leur chair et dans leurs os lorsqu'ils sont maltraités. L'humanité envers les animaux tient plus qu'on ne pense à l'humanité générale, aux entrailles mêmes de la charité chrétienne. Tout s'enchaîne ici-bas; les animaux sont soumis à l'homme, comme le fils l'est au père, comme le serviteur l'est au maître. Or, l'humanité envers les animaux n'est autre chose que la bienveillance, la douceur envers les êtres faibles qui ont besoin de protection. C'est donc surtout à l'enfance qu'il faut inspirer cette vertu, qui, pour être plus modeste que les autres, n'en est pas moins une vertu.

Celui qui fait l'aumône d'un denier quand il est pauvre, la fera d'une drachme quand il sera riche. Ainsi, pour les enfants : celui qui est doux envers les animaux, c'est-à-dire envers les seuls êtres auxquels il soit encore supérieur, le sera plus tard avec les femmes, avec les enfants, avec ceux de ses frères qui lui seront subordonnés. Aussi l'aréopage d'Athènes fit-il un acte de justice et de haute intelligence lorsqu'il condamna à mort un enfant qui avait crevé les yeux à son oiseau. En effet, que pouvait-on attendre dans le cours de la vie d'un être aussi mal organisé et aussi pervers. Le tribunal athénien aurait dû ajouter une punition pour les père et mère de ce monstre ; car dans ce cas les parents sont les premiers coupables, plusieurs actes de cruautés ayant dû précéder cette atrocité.

Nous avouons ici que nous sommes étonné que l'église catholique, qui étend sa sollicitude à toutes les branches de la charité humaine ne se soit pas occupé d'une manière suivie de cette question de la douceur envers les animaux, qui, nous le répétons, est la base de l'humanité envers les hommes. L'Angleterre a prononcé des peines sévères contre les cruautés et les sévices exercés sur les chevaux ; ces peines sont consignées dans un code de lois spéciales. La Turquie accorde aux chiens une protection particulière ; des fontaines publiques sont établies à cet effet dans toutes les parties des grandes villes de l'empire ottoman. Des paniers remplis de nourriture sont déposés tous les soirs, à la porte des casernes, pour alimenter les chiens errants ; l'eau et le pain ne leur manquent jamais ; les cas de rage sont bien moins fréquents en Orient que chez nous. Le nombre de ces animaux s'étant accru à Constantinople dans une grande proportion, deux mille chiens furent déportés par ordre dans une île du Bosphore, avec des vivres pour trois jours ; puis les imans montèrent sur les minarets et les engagèrent à la patience et à la résignation. Quelque extraordinaire que soit cette façon de comprendre la question, elle n'en témoigne pas moins de l'importance que les Musulmans y attachent. Le Coran prescrit cette pitié envers les animaux, comme il prescrit l'aumône et l'hospitalité. En effet, malgré tout son orgueil, l'homme ne peut communiquer directement avec Dieu ; il est donc forcé de se servir de l'intermédiaire que lui offre la création ; être bon pour la créature, c'est être agréable au Créateur, et c'est la meilleurs manière de l'honorer. Toutes les religions s'accordent sur la nécessité et l'importance de la charité, cette vertu humaine qui, dans la loi chrétienne, domine toutes les autres vertus, ses sœurs, et qui l'emporte même sur la foi et l'espérance, dont l'essence est plus particulièrement divine.

Les animanx ont été confiés à l'homme, comme la création tout entière, pour qu'il en fût le roi et non pas le tyran. Les Musulmans et les peuples protestants leur ont donné une place dans l'humanité et les ont régis d'après les lois communes. Voudrions-nous rester en arrière de ces nations, nous qui passons pour le peuple le plus civilisé du monde? Dans l'antiquité païenne, ils n'étaient point exclus de la protection des lois : le plus grand poète romain, Virgile, les a chantés en vers immortels : « *Et dulces animas plena ad præsepia reddunt,* » dit-il dans son Épizootie. Cet amour pour la création tout entière et pour les pauvres êtres incessamment tombés vers la terre qui partagent les travaux et les fatigues de l'homme, tous les grands poètes l'ont senti et exprimé ; et sans remonter jusqu'aux Géorgiques, les plus grands poètes modernes n'ont-ils pas rendu témoignage de ce noble et généreux sentiment ! Les êtres doivent être classés dans nos affections, d'après leur degré de sentiment et le besoin qu'ils ont de nos soins. Après nos frères ce sont ces êtres, privés de la parole, mais non pas de la faculté de sentir et d'aimer, qui méritent le plus notre intérêt. Les merveilles de la nature inanimée, quelque grandes qu'elles soient, ne doivent obtenir que la troisième place dans notre cœur.

Non, il n'est pas au-dessous de la dignité de l'Eglise, il n'est pas indigne du gouvernement ni des pouvoirs législatifs de s'occuper de l'importante question de la douceur envers les animaux, qui, lorsqu'elle sera proclamée et rendue obligatoire par une loi, aura la plus grande influence sur l'humanité et sur les mœurs générales. Car il est vraiment humiliant pour la capitale du monde civilisé de voir sans cesse ses places publiques et ses rues les plus fréquentées transformées en une arène où des êtres sans cœur, portant le nom d'hommes, abusent de la légère différence qui les sépare des brutes, pour assommer de pauvres chevaux sans défense, auxquels la nature a même refusé un cri pour se plaindre de leurs bourreaux.

ANTONI DESCHAMPS.

LISTE

DES MEMBRES ADHÉRANT A LA SOCIÉTÉ PROTECTRICE DES ANIMAUX,

Fondée à Paris, le 2 décembre 1845.

ABOVILLE (le comte d'), pair de France. — ABOVILLE (le vicomte d'). — ALBERT, chef de ballet à l'opéra. — ALIX, employé au jardin du Roi. — ALFROY, cultivateur à Lieusaint (Seine-et-Marne). — ALLOÏS (le baron), à la Chartrette, près Melun (Seine-et-Marne). — ANGERS, inspecteur des halles et marchés. — AUBERT, professeur d'équitation. — AUBERGÉ, propr. à Malassise, près Coubert (Seine-et-Marne). — AUBERGÉ (Prosper), propriétaire à Cramayel (S. et M.). — AUBERGÉ (Madame Prosper), à Cramayel (S.-et-M.). — AURE (le comte d'). — AUZOUX d. m. p.

BALLAY, propriétaire, à Rouen. — BASIL, d. m. p. — BATAILLE, d. m. p. — BAZIN, membre du Conseil-général des manufact. — BAUPRÉ (Tibulle de). — BEAUVARLET, d. m. p. — BELHOMME, d. m. p. — BELSEUR maître de poste au Châtelet (Seine-et-Marne). — BÉMY (de). — BENCRAFT, inventeur d'un nouveau système de colliers. — BENOIST, rentier. — BERÇOET (Albert), chef d'institution. — BERGERON, d. m. p. — BERGER-PERRIÈRE, méd. vétérinaire. — BÉRU (le comte de), à Chably (Yonne). — BERRUYER, avocat. — BETHUNE (le comte de). — BIENVILLE (Leroux de). — BIENVILLE (Madame de). — BLATIN, d. m. p. — BLATIN, avocat à Clermont-Ferrand (Puy-de-Dôme). — BOSSIN, agronome. — BOUBÉE (Nérée). — BOUGAINVILLE (le marquis de). — BOUHON, fabricant. — BOUHON (Madame). — BOUHON (Mademoiselle). — BOULLAND (Edouard), d. m. p. — BOULAD (Madame). — BOULAD (fils). — BOURGOING (le baron de), au Château-de-Mouron (Nièvre). — BOUVILLE (Carlos de). — BRIMONT (Ruinard de), conseiller à la cour des comptes. — BRIGNOLA (comte de). — BRISSET, d. m. p. — BRIVET, méd. vét. en 1er au 4e escadron du train des équip. — BROCCHIERI, chimiste. — BUREAUD-RIOFRAY. — BUZAREINGUES (Girou de), d. m. p.

CAFFE, d. m. p. — CANOBY, directeur de la Thémis. — CARAFFA, membre de l'Institut, directeur du Gymnase musical. — CARMIGNAC-DESCOMBES, agronome. — CARNARVON (le comte de), présid. de la société de Londres, membre honoraire. — CASSEL (Parisot de). — CASSEL (Madame de). — CATELIN (Adolphe), homme de lettres. — CHABANNES (le marquis de). — CHALON, propriétaire à Condom (Gers). — CHALUS (le comte de). — CHAMOIS (le marquis de). — CHAMPY (Théodore). — CHAVAUDON (le marquis de). — CHAVAUDON (madame la marquise de). — CHATELAIN (Anatole), employé au ministère de l'agriculture et du commerce. — CHASSEPOT (le marquis de). — CHAUVIGNY (de), inspecteur de l'abattoir Popincourt. — CHAUVINIÈRE (de la). — CHEREST d. m. p. — CHEVALIER (Michel). — CHEVREUSE (duc de). — CHEVRIER, méd. vét., à Melun. — CLAUDEL, ingénieur civil. — CLIAS (le capitaine), professeur de gymnastique. — COLLAS, pharmacien. — COLLIEX (Madame). — COLLIGNON, méd. vét. — COMPERAT, d. m. p. — COMTE (Achille), chef de bureau au ministère de l'instruction publique. — CORBEL, propriétaire. — bis. COROT, architecte. — CORPS-ODARD, propriétaire, à Troyes (Aube). — COURANT (Louis), agriculteur. — GOUVERT (Hector). — GROS (Henri), professeur à l'Institut de France. — CROZATIER (Charles). — CURMER (Mad. veuve), propriétaire. — CURNIEUX (le baron de).

DAILLY, maître de poste à Paris. — DANCOURT (Adolphe). — DANGEAU, d. m. p. — DANNECY. — DAROLES, ancien maître de poste, à Condom (Gers). — DARRIMAJOU (Oscar). — DARNIS (Fortuné), à Toulouse. — DAUCHEZ (Edouard), conseiller à la cour des comptes. — DAURIAT (Louise, femme de lettres. — DEBELD, négociant. — DECOURDEMANCHE (Arthur). — DEHAYE, rédacteur en chef de la *Semaine*. — DELACROIX (Madame). — DELCROIX, d. m. p. — DELESSERT, pair de France, préfet de police. — DELLORIER, avocat. — DEMESMAY, député. — DENYS, méd. vét. à Paray-le-Monial (Saône-et-Loire.) — DENYS (Jules). — DESCHAMPS, d. m. p. — DESCHAMPS (père), propriétaire à Melun. — DESCHAMPS (madame). — DESCHAMPS (Emile), poète. — DESCHEVAUX-DUMESNIL. — DESCOLOMBIERS, président de la société d'agriculture de l'Allier. — DESPORTES, d. m. p. — DES ROSIERS. — DESSERVILLIERS (le vicomte de), à Salins (Jura). — DHOMME, fabr. à Grenelle, (Seine). — DORÉ, employé au minist. de l'agricul. et du comm. — DOUCET, négociant. — DOUCET (Madame). — DREYFUS, d. m. p. — DROUIN-DE-L'HUIS, député de Melun. — DUCLOS-DUTFOY, m. de poste à Lieusaint (S.-et-M.). — DUFRESNE. — DULAC, peintre. — DUMONT (de Monteux) d. m. p. — DUMONT (Madame). — DUMONT (Isidore), peintre d'histoire. — DUMONT DE STE-CROIX (Madame). — DUPLANTY (le marquis), maire de St-Ouen. — DUPUY, membre de l'Académie royale de médecine. — DURCLÉ. — DURIEZ, administrateur à Grenelle Seine). — DUVAL-CLOVAL, propriétaire.

EDOUARD (S. A. R. le prince de Saxe-Altembourg), président de la Société de Munich, membre honoraire de celle de Paris. — EHRENSTEIN (le baron d') à Dresde, membre honoraire. — ERLANGER, rentier.

FANTIN, d. m. p., à Melun. — FAUDOAS-ROCHECHOUART (le marquis de). — FELDMANN, d. m. p. — FELDMANN, négoc. — FLEURIOT (N. de). — FONTAINE DE MELUN, av. à la cour roy. de Paris. — FORGET, d. m. p. — FOUBERT-ROUSSON, avocat à Paris. — FOUQUIER (Frédéric). — FOUQUIER (Madame). — FOURNIER, professeur. — FRAMBOISIER, directeur de Ste-Périne. — FRANCESCHINI, homme de lettres — FRÉMOND (Stéphane), agé de 9 ans. — FESSNE (Marcelin de), propriétaire à Rouen. — FROC (père), propriétaire à Melun (Seine-et-Marne). — FROC (fils), propriétaire à Berceau près Melun (Seine-et-Marne). — FUSZ, ingénieur-mécanicien.

GACHE (aîné), ingénieur-mécanicien. — GARNOT, prop. à Comblaville (S.-et-M.). — GELLÉE, pharmacien. — GÉMEAU (Madame). — GILBON, prop. à Chandeuil (S.-et-M.) — GIRARDIN (le général comte de). — GIVRY le comte de). — GLÉIZES, colonel du génie à Toulouse (Hte-Garonne). — GODIN, négociant. — GOFFIN, rentier. — GOSSEAU, méd. insp. d'assur. maritime. — GOUGET, horloger. — GOURCY le comte de). — GRABOWSKI, d. m. p. — GRAMMONT (le duc de). — GRATIOLET (Pierre), d. m. p. — GRENOUILLET, propriétaire à Barbeau (Seine-et-Marne). — GRÉZY, ancien notaire à Melun. — GROS, imprimeur de la société. — GUERARD, m. de l'Institut. — GUÉRIN MÉNEVILLE, memb. de la Soc. roy. et cent. d'agr. — GUICHARD, avocat. — GUIBERT (Armand). — GUILLEMINOT (madame). — GUILLON, d. m., chirurgien consultant du Roi. — GUYOT-ROMAIN, maître de poste à Pamfoux (Seine-et-Marne).

HACHETTE, libraire. — HAIRAUX, industriel. — HAMILTON (madame). — HAMOT, propriétaire. — HAMONT, méd. vét., directeur des haras et bergeries de Mehemed-Ali. — HAMONT (Madame). — HAQUETTE, d. m. p. — HATTUTE, chirurgien-dentiste. — HATTUTE fils. — HAUZEY, ancien méd. aux hôpitaux de Lisieux, propr. à Glos (Calvados. — HERMET, sellier. — HEUDEBERT, architecte. — HEUDEBERT (Madame). — HOMOLLE, d. m. p. — HUTIN, garde général des forêts Rotschild.

JACOTOT fils. — JACQUEMIN (Emile) agronome. — JAMETEL, propriétaire gérant des voitures dites *Montrougiennes*. — JOBERT, inspecteur de la Thémis, soc. d'ass. contre la mortalité des chevaux et des bestiaux. — JOHNSON, propriétaire à Trois-Moulins près Melun (Seine-et-Marne). — JOLLY (père), d. m. p., membre de l'académie royale de médecine. — JONKAIRE (de la), au château de Mornay (Charente-Inférieure). — JOUENNE, d. m. p. — JOSSE. d. m. p. — JULLIEN, libraire. — KUGELMANN, négociant.

LABBÉ, maître de poste à Charenton (Seine). — LABARRAQUE, ancien pharmacien. — LABARRAQUE fils, d. m. p. — LABERTOCHE, propriétaire agronome. — LABORDE (le comte Léon de), député. — L. LADOUCETTE (Eugène de). — LAFENESTER, négociant à Melun (Seine-et-Marne). — LAGRANGE (Madame la marquise de). — LAGRAVE, inspecteur de la forêt de Dourdan (Seine-et-Oise). — LAMOUROUX, ancien capitaine de la garde impériale. — LANDRY (Mad. veuve), horloger. — LAROCHEFOUCAULT-DOUDEAUVILLE (Mad. la duchesse de). — LAROCHE-POUCHIN (le général comte de). — LATOUR (Amédée) d. m. p — LAUNOY, rentier. — LAVIE, négociant. — LECOUTEULX, d. m. trésorier de la société Phrénologique. — LEBLANC, professeur d'équitation, propr. d'un manège. — LECLERC-DESBARBINS. — LÉDOUX (Mad.). — LEDOYEN, libraire. — LEDOYEN (Madame). — LEFOUR, agronome. — LEFÈVRE (Elysée), propriétaire agronome. — LEGENDRE, maire de Perthes (Seine-et-Marne). — LÉHU, d. m. p. — LELUC, prop. à Fourches (S.-et-M.). — LÉPINE (Mme la comtesse de). LÉPINE (vicomte de). — LÉPINE (Mad. la vicomtesse de). — LEPOIX, propriétaire à Evreux. — LENOBLE (Alexandre). — LEROY (Amable). — LEROY (Madame). LEROY (Mlle Clary). — LESGUYOT, syndic-adjoint de la boucherie de Paris. — LÉVEILLÉ, sous-direct. d'une assur. maritime. — LÉVINAU, docteur en droit — LHERBETTE, député. — LIANCOURT (duc de Larochefoucault). — LINAR (la comtesse de), à Dresde (Saxe), membre honoraire. — LONDE, d. m. p. — LOIR, employé. — LOURMAND, membre de plusieurs sociétés savantes.

MACHADO (le commandeur DA GAMA). — MACHADO, rentier à Versailles. — MACHADO (Mme). — MAC-NEMARA (la comtesse). — MAGNE, d. m. p. — MAHUL, homme de lettres. — MALARTIC (comte de). — MALARTIC (comtesse de). — MANTOUX, rentier. — MARCELLA, directeur de la société hellénique d'Industrie agricole. — MARCELLANGE, propriétaire à Moulins (Allier). — MARCOTTE (Edouard), banquier, à Troyes. — MARCOTTE (madame), à Troyes. — MARCOTTE (Gabriel). — MARESCHAL (Jules), auteur, directeur des Beaux-Arts. — MARGUERITE (Mad.). — MARIE, agron. — MARTIN, inspecteur de la Thémis. — MARTIN (Madame Emile). — MARTIN (Alexandre), employé à l'Hôtel-de-ville. — MATHIAS, conseiller à la cour royale de Paris. — MAUBERTIER, architecte. — MÉLIER, secrét. de l'acad. roy. de méd. — MELLET (le comte de) au château de la Châtrait, par Montmort (Marne). — MERLIEUX (Bailly de) secrétaire-général de la Société royale d'horticulture. — MEUNIER, ancien médec vét., à Beaumont (Seine-et-Oise). — MICHAUD, capitaine de cavalerie en retraite. — MICHEL (Amédée), marchand de bois et charbon. — MICHELIN (Mad.), propriétaire du journal l'*Indicateur de Seine-et-Marne*, à Melun. — MIRAMONT (le marquis de). — MIRATON, propr. à Melun. — MOLL, propr. et prof. d'agr. au conservatoire des arts et métiers. — MONTGAUDRY (le baron de). — MONTPEZAT (le comte de). — MORAND-VALOIS, méd. vét. — MORISSET, méd. vét. à Vaugirard. — MORISSON, d. m. p. — MORISSON (madame). — MORGNY (Ricard de), d. m. p. — MURET, m. de poste à la Croix de Berny (Seine). — MURON, officier de l'université.

NABON DE VAUX, secrétaire de M. le préfet de police. — NACQUART, d. m. p. — NANCEY, avocat à Melun. — NANCEY, notaire. — NANCEY (Madame). — NARP (Mad. la comtesse de). — NEUVY (Geffrier de). — NEUVILLE (le baron Hyde de). — NICOLE, m. vétérinaire. — NICOLET, propr. à la Chapelle-Gonthier. (S.-et-M.). — O'NEILL (P. B.), négociant.

PAGANEL, secrét. d'Etat, dir. gén. des haras, etc. — PAILLIER (Dumont), d. m. p. — PANCKOUQUE (Ernest). — PANCKOUQUE (Madame). — PATY, lieut. au 7e lanciers à Tarbes (Hautes-Pyrénnées). — PAYEN, m. de poste à Pont-St-Maxence (Oise). — PELLIER, prof. d'équit., propr. d'un manège. — PERNER, docteur, fondateur de la société de Munich, membre honoraire de celle de Paris — PERRAUD

(Benet de), d. m. p. — Petitblé, propr. à Brist (S.-et-M.). — Phélis, propr. — Picard, chir. dentiste. — Place, d. m. p., prof. de phrénologie. — Pommier, membre de la soc. roy. et cent. d'agr. — Pontcarré (le comte Emile de). — Potel-Lecouteux, propr. agriculteur, à Créteil (Seine). — Poulol, méd. vét. à Montereau (S. et M.). — Poyez, avocat, à Melun. — Prat, employé au jardin du Roi. — Privat , prop. de l'hôtel des Princes. — Prompsy (Alexandre), notaire, à Troyes (Aube). — 304 Purget, ancien syndic de la boucherie de Paris.

Rainneville (le comte de), propriétaire agriculteur, auteur du Manuel de la petite culture, à Amiens (Somme). — Rancy (le comte de). — Raymon, trésorier central des crèches. — Regley (le chevalier). — Richard (Madem.), propr. — Richet, d. m. p. — Richelot, d. m. p., dir. de l'Union Médicale. — Richelot (madame . - Richelot Henri), sous- chef au min. de l'agr. et du com. — Rigny (Hippolyte), instituteur, à Troyes.— Roche (Aubert), d. m. p. — Rochefort (le comte de), colonel au 1er carabiniers à Provins. — Rochette (Mad.). — Rodier , agronome. — Rondé, peintre. — Rosset (Mme de). — Royer (madame), au Bois-Louis, près le Châtelet (S.-et-M.). — Royer , méd. vétér. — Rousseau , d. m., chef des travaux anatomiques au jardin du Roi. — Rouzet, employé au jardin du Roi.

Sablon, ancien m. du cons. gén. du Puy-de-Dôme. — Saiacrousse (l'abbé), curé de la paroisse de Saint-Laurent, chanoine de la cathédrale. — Sallier, pensionnaire des états du Rhin. — Saintier, propriétaire à Sivry, près Melun (Seine-et-Marne). — Saintier (madame). — Saint-Marc (le comte de). — Saint-Marsan (la marquise Curail de). — Saint-Venant, propr. à la Rochette (S.-et-M.). — Sarlande, fabricant à Grenelle. — Sauzeau, agron. — Schiller, imprimeur. — Schoelcher, auteur. — Scholler , libraire. — Schwabachersohn, joaillier. — Ségalas, d. m. p. — Sénéchal , employé au jardin du Roi. — Seraincour (le comte de). — Seraincour (Mad. la comtesse de). — Serres, d. m. p. — Serre de Maxen (le major), président de la société de Dresde, membre honoraire de celle de Paris. — Serre de Maxen (Mad.), membre honoraire. — Sherwell (madame). — Signoret, d. m. p. — Sirand, propriétaire agriculteur. — Sirand (Madame). — Soissons, chef du bureau des recouvrements aux Messageries générales. — Solon, avocat. — Sombreuil (le comte Jules de Villume). — Sombreuil (Mad. la comt. de Villume). — Suchet (Madame).

Tamisier (le marquis de). — Tesserot, d. m. p. — Texier , m. vét. — Thiraut, au service de M. Desrosiers. — Thomas, directeur des plantations des canaux de l'Ourcq et de Saint-Denis. — Thomas (Henri), secrét. de la société de Londres. — Thuret (Mad.). — Tocqueville (baron de), député. — Tournemine (de) gén. d'artil. — Toussy (Narjot de).

Valentin, administrateur des voitures dites , les Dames réunies. — Valmer (vicomte de), propriétaire au château de la Barre (Seine-et-Marne). — Valmer (Mad. la vicomtesse de). — Vallée (Joseph), garde général des forêts de Rothschild. — Valserres (Jacques de), agronome. — Varenne, d. m. p. — Vauthy, commissaire de police, quartier de la Sorbonne. — Vereau, propriétaire. — Vernet (Horace). — Viallane (Mad. la comtesse de). — Viergol (Mad. la baronne de). — Vignaut (Jacquet du), prof. de mathém. — Vilatte, médecin vétérinaire de la maison du Roi. — Villeneuve, d. m. p. — Villeneuve (Madame). — Villette (le marquis de), au château de Villette (Oise). — Vinchon, d. m. p. — Vinsot, d. m. p., à Melun. — Vivier des Landes (madame), née de Valabrègue-Catalani. — Vivien aîné, ancien avoué. — Vivien (Alphonse), employé au ministère de l'agriculture et du commerce. — Vivien (Henri), chimiste. — Vogué (le marquis de). — Wilks (John) Esquire, vice-président de la société de Londres, membre honoraire.

Zéni, colonel d'artillerie.

TABLE.

—

BIBLIOTHÈQUE ROYALE